丁香鱼渔业渔获物
种类图鉴及条形码

朱文斌　张亚洲　王忠明　董钇江　王乙婷　陈俊琳／著

中国农业出版社
北京

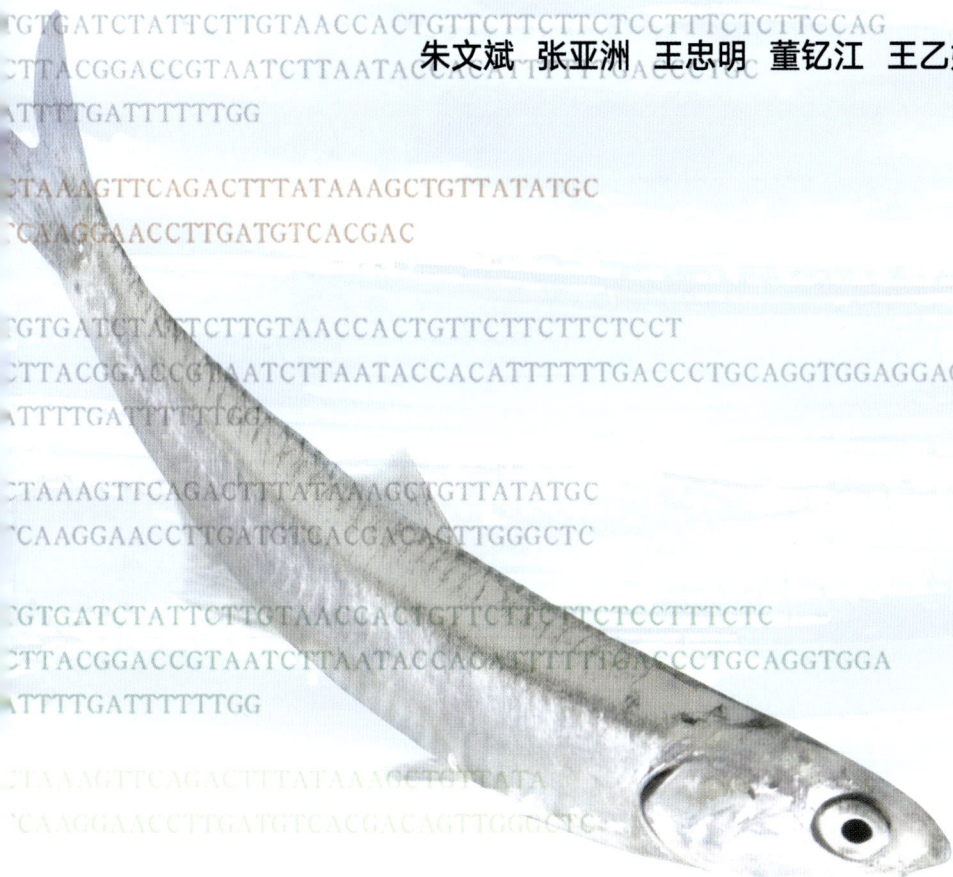

图书在版编目（CIP）数据

丁香鱼渔业渔获物种类图鉴及条形码 ／ 朱文斌等著
. —北京：中国农业出版社，2024.11
ISBN 978-7-109-32018-5

Ⅰ.①丁… Ⅱ.①朱… Ⅲ.①鳀属—世界—图集
Ⅳ.①Q959.46-64

中国国家版本馆CIP数据核字（2024）第110046号

丁香鱼渔业渔获物种类图鉴及条形码
DINGXIANGYU YUYE YUHUOWU ZHONGLEI TUJIAN JI TIAOXINGMA

中国农业出版社出版
地址：北京市朝阳区麦子店街18号楼
邮编：100125
责任编辑：李雪琪 蔺雅婷 王金环
版式设计：小荷博睿 责任校对：吴丽婷
印刷：北京中科印刷有限公司
版次：2024年11月第1版
印次：2024年11月北京第1次印刷
发行：新华书店北京发行所
开本：889mm×1194mm 1/16
印张：7.25
字数：225千字
定价：88.00元

内容简介

　　本书基于浙江近海丁香鱼专项特许捕捞的科学观察员采集的标本，记述了丁香鱼渔业渔获物共计鱼类84种、甲壳类9种和头足类7种。采用最新分类系统，记述每个种类的形态特征、地理分布、生态习性，并配有彩色实拍照片和DNA条形码。

　　本书图文并茂、通俗易懂，可供国内外从事海洋生物学和生态学以及水产科学等研究领域的教学、科研人员使用。

序
Preface

　　浙江省海洋水产研究所的海洋渔业资源研究团队历来是省内渔业科研界的优势特色团队，在东海和黄海伏季休渔措施实施、《重要海洋渔业资源可捕规格及幼鱼比例》标准颁布、浙江渔场修复振兴等众多合理利用和科学养护渔业资源的行动中，都有该团队的成果贡献。物种分类是一项基础而又极为重要的工作，分子生物学技术的融入为物种分类提供了便利的工具。2022年，浙江省海洋水产研究所与浙江海洋大学的渔业资源研究团队合作出版了《浙江海洋鱼类图鉴及其DNA条形码》，为浙江海洋鱼类的分类学研究做出了贡献。如今该团队专为丁香鱼渔业渔获物而作的图鉴及条形码一书业已成文，这是将形态学和分子生物学技术相结合进行物种分类鉴定的又一次有益的尝试。

　　浙江省是中国海洋渔业大省，2022年全省国内海洋捕捞产值500多亿元。海洋渔业资源的兴衰关系到30多万名海洋渔业从业人员的生计。近年来，浙江渔场的海洋捕捞产量虽然趋于稳定，但渔业资源结构变动较大，资源波动加剧，传统渔业资源的低龄化、小型化现象仍较明显，整体的资源状况仍不容乐观。与此同时，原作为主要经济鱼类饵料的鳀等的资源量保持在较高水平上的稳定状态，促使一些作业转产从事丁香鱼渔业。

　　浙江沿海渔民历史上一直有用围、敷网捕捞丁香鱼的传统。丁香鱼渔业的主要渔获物是鳀的幼体，其干制品或半干制品在浙南沿海称"丁香鱼"，在浙北沿海称"海蜓"，在当地均为高档水产食材。由于丁香鱼渔业的特殊性，农业农村部对其实施专项特许捕捞、限额捕捞和渔业科学观察员制度。虽然丁香鱼围网的选择性较强，但主捕对象是鳀的幼鱼且无法避免副渔获物。在渔业管理和执法的过程中，物种鉴定是极为重要的依据，丁香鱼围网的渔获物以幼鱼为主，给本就不易的物种鉴定造成了极大的困难。

《丁香鱼渔业渔获物种类图鉴及条形码》一书，记述了各个种类的鉴别特征并配有实物照片，每个种还附有 DNA 条形码序列，为渔获物鉴定提供了科学依据。专门将丁香鱼渔业的渔获种类编撰在同一本出版物中，也便于有关人员使用。该书即将付梓，我乐观其成，欣然作序，以兹庆贺。

浙江海洋大学研究员　　徐汉祥

2023 年 10 月于舟山

前言
Foreword

　　丁香鱼是鳀幼鱼的俗称。鳀（*Engraulis japonicus*）隶属鲱形目、鳀科、鳀属，是一种广温性的中上层小型海洋鱼类，也是我国乃至世界渔业的重要渔获种类之一。根据《中国渔业统计年鉴》的记录，2022 年我国鳀的单鱼种渔获量达 60 万 t，排在海洋捕捞鱼类产量第二位，仅次于带鱼。

　　鳀幼鱼的捕捞渔具为丁香鱼围网，捕捞渔船作业位置分布在加工船周围 4 km 以内。丁香鱼围网系双船有囊围网，又称大围缯、对网或大洋网，其作业方式兼有围、拖、张的性质，在浙江沿岸作业中主要捕捞对象为鳀的幼鱼，即丁香鱼。鳀的集群性强、生命周期短，每年 2 ～ 5 月进入浙江沿岸产卵，4 ～ 6 月，浙江沿岸渔民会用围网捕捞此鱼。2017 年东海区伏季休渔开始时间由原来的 6 月 1 日调整至 5 月 1 日，对丁香鱼捕捞作业造成了较大的冲击。为合理开发利用渔业资源，农业农村部自 2018 年开始对丁香鱼捕捞作业实施专项特许捕捞，要求实行限额捕捞，并引进了渔业科学观察员对其捕捞作业的渔获物进行监测和记录，以提高渔业管理的科学性。

　　物种鉴定是渔业资源生物学和生态学研究以及渔业管理的基础。丁香鱼围网作业渔获物中，主捕对象鳀的幼鱼为绝对优势种，表明网具有良好的选择性。此外还有日本鲭等 100 多种副渔获物，种类鉴定对渔民和渔业管理部门而言极为不易。传统的物种鉴定方法以形态学描述为基础，根据分类检索表鉴定种类，有些鉴别特征还涉及内部解剖结构，不仅使用不便，还需要较强的分类学专业知识。许多近缘种的形态十分相似，有的种类在不同生长发育阶段的外部形态特征也有极大的差异。而丁香鱼渔业的渔获物以仔稚鱼和幼鱼为主，单纯依靠形态学鉴定有一定局限性。随着分子生物学技术的应用和发展，DNA 条形码（DNA barcoding）技术逐渐被广泛应用于分类学研究和实践。传统的 DNA 条形码技术是用基因组内一段标准化的 DNA 片段来鉴定物种，其中线粒体 DNA 的 *CO I* 基因拥有长度适宜、进化速率慢及富含系统发育信号等特点，且大多

数动物的 COI 基因都能被通用引物所扩增。因此，种类鉴定通常选择 COI 基因片段作为 DNA 条形码。近年来，随着高通量测序技术的迅速发展，DNA 高通量条形码（DNA metabarcoding）技术给鱼类种类鉴定和检测技术带来了革新。目前使用较多的高通量条形码为线粒体 12S rRNA 条形码，可基本满足使用需求。

本书记述的丁香鱼渔业渔获物有鱼类 84 种、甲壳类 9 种和头足类 7 种。除了对每个种类进行简明的形态学描述并附上清晰的彩色实拍图之外，还提供了它们的线粒体 COI 和 12S rRNA 序列，为种类鉴定提供有效的方法及可靠依据。本书由浙江省海洋水产研究所的朱文斌正高级工程师、张亚洲高级工程师、王忠明高级工程师，硕士研究生董钇江、王乙婷，以及舟山市普陀区海洋经济发展局陈俊琳工程师等共同完成。编写过程中，承蒙国内外许多专家学者和同行的鼎力相助。特别感谢高天翔老师对本书工作的指导，感谢蒋日进高级工程师、郭星乐、赵宸枫等友人和学生协助采集标本、提供照片和搜集文献资料。本书得到农业农村部"限额捕捞关键技术研究与制度探索"等项目的共同资助。

本书可供从事教学和科研以及渔业管理等领域的专业人员使用，也可以为大专院校鱼类学、生态学、保护生物学等有关专业的师生提供参考。受著者水平、标本收集和文献来源所限，书中难免存在疏漏或错误之处，敬请读者给予批评指正。

著者

2023 年 10 月于舟山

目录
Contents

二、甲壳类 Crustaceans

三、头足类 Cephalopods

一、鱼 类

Fishes ▶ ▶ ▶

1

宽尾斜齿鲨

分类地位

软骨鱼纲 Chondrichthyes

真鲨目 Carcharhiniformes

真鲨科 Carcharhinidae

斜齿鲨属 Scoliodon

学名：*Scoliodon laticaudus* Müller & Henle，1838

英文名：Spadenose shark

别名 / 俗名：尖头斜齿鲨

形态特征　小型鲨类，体长一般不超过1m。体修长，头很平扁，背腹面自吻端至第一鳃孔几相愈合成一侧突；尾基上下方各具一凹洼，但下方凹洼不显著。吻长而扁薄，背视呈三角形，前缘钝尖，侧视很尖突。眼小，圆形，侧位，瞬膜发达。鼻孔斜列，外侧位，前鼻瓣具一小三角形突出，后鼻瓣后部无环形薄膜。口宽大，深弧形，上下唇褶短，仅见于口角处。上下颌每侧每行各13枚齿，齿侧扁，基部宽扁，边缘光滑，齿头外斜，外缘近基底处具一缺刻。喷水孔消失。鳃孔5个，最后1～2个位于胸鳍基底上方。背鳍2个；第一背鳍大，后缘凹入；第二背鳍很小。尾鳍颇宽长，尾椎轴稍上翘，上叶仅见于尾端处，下叶前部呈显著的三角形突出，中部与后部具一缺刻，后部呈小三角形突出，与上叶相连。臀鳍基底很长，为第二背鳍基底长2倍或以上，后缘斜直而长。腹鳍短小；鳍脚圆管形，后端尖突。胸鳍与第一背鳍约等大，后缘凹入；胸鳍宽度与前缘长度几乎相等。背面和上侧面灰褐色，下侧面和腹面白色；背鳍、尾鳍、胸鳍灰褐色，臀鳍和腹鳍淡白色。

分布范围　印度-西太平洋，从波斯湾、索马里、坦桑尼亚、莫桑比克、巴基斯坦，至印度尼西亚的爪哇海，北至中国和日本。我国沿海均有分布。

生态习性　热带至温带海域近海鱼类，栖息于岩石底质海域以及热带河流的河口水域，可形成大的鱼群。成鱼以小型鱼类、虾和头足类为食。胎生，具有少见的柱状胎盘，雌雄抱对交配。

条码序列　■ ■ ■ ■ ……………………………………………………………

● 线粒体 DNA *CO I* 基因片段序列：CCTCTACTTGATTTTTGGTGCCTGAGCAGGCATAGTTGGAACAGCCCTAAGT CTTCTTATTCGAGCTGAACTCGGACAACCTGGGTCTCTTCTGGGCGATGATCAGATTTATAATGTAATTGTAACTGCC CATGCTTTTGTAATAATCTTTTTTATAGTTATACCAATCATAATTGGTGGTTTCGGAAACTGACTAGTTCCACTAATG ATTGGTGCACCAGATATAGCCTTTCCACGAATAAATAATATGAGCTTTTGACTCCTTCCACCTTCATTTATTCTTCTC TTAGCCTCCGCCGGAGTAGAAGCTGGAGCAGGTACTGGTTGAACGGTTTATCCCCCATTAGCTAGTAATTTAGCCCAC GCTGGTCCATCTGTTGACCTCGCTATTTTTTCCCTTCACTTGGCTGGTGTTTCGTCAATTTTAGCCTCAATTAATTTTA TTACAACAATTATTAATATAAAACCACCAGCTATTTCTCAATATCAAACACCATTATTTGTGTGATCTATTCTTGTA ACCACTGTTCTTCTTCTCCTTTCCCTTCCAGTTCTTGCAGCAGGGATTACAATATTACTTACGGACCGCAATCTTAAT ACCACATTTTTGACCCTGCAGGGGGAGGAGACCCAATTCTCTATCAACATTTATTT

● 线粒体 DNA 12S rRNA 基因片段序列：CCCGCGGTTATACGAGAAACTCACATTAATATATTCCGGCGTAAAGA GTGATTTAAGAATGACCTTCAAATCACTAAAGTTCAGACTTTTATAAAGCTGTTTATATGCACTTATGAGTGGAAAAAA CAACAACGAAAGTGACTTTACAGTTCAAGGAACCTTGATGTCACGACAGTTGG

2

分类地位

辐鳍鱼纲 Actinopterygii

鳗鲡目 Anguilliformes

蛇鳗科 Ophichthidae

须鳗属 Cirrhimuraena

中华须鳗

学名：*Cirrhimuraena chinensis* Kaup，1856

英文名：Chinese curl-fringed eel

别名 / 俗名：窦龙、土龙

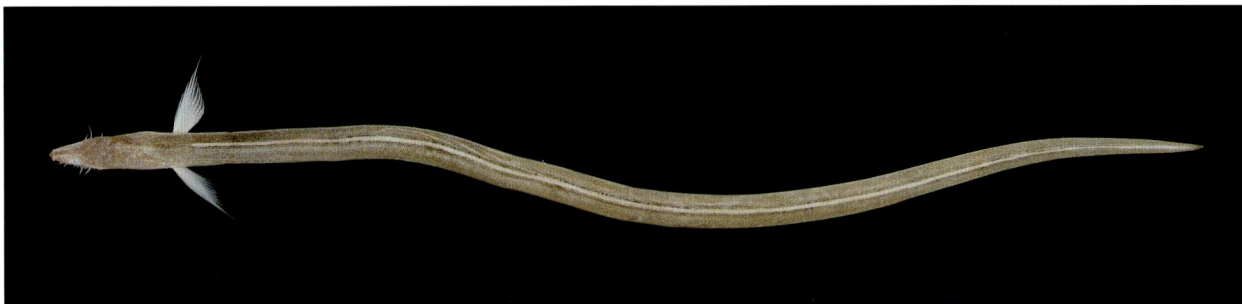

形态特征　小型鱼类，最大个体全长550mm。体细长，躯干部圆柱形，尾的后部稍侧扁。头较短。吻尖突。眼小，圆形。眼间隔稍隆起，大于眼径。鼻孔每侧2个，分离，前鼻孔短管状，位于上唇边缘，接近吻端；后鼻孔呈斜形的裂孔，具皮瓣，位于眼前缘下方、上唇的边缘。口大，前位，口裂伸达眼的远后方。上颌长于下颌。齿细小而尖锐。上颌齿4～6行，排列呈带状；下颌齿2行，排列不规则；前颌骨齿丛较小，呈菱形；犁骨齿2～4行，排列呈带状。上唇边缘具发达而明显的唇须，呈流苏状。舌附于口底。鳃孔较小。肛门位于体前方1/3处或稍后。体无鳞，皮肤光滑。侧线孔明显。背鳍起点在胸鳍基部的上方或稍后方。臀鳍起点在肛门的后方。背鳍和臀鳍均较发达，止于尾端的稍前方，不相连续。胸鳍发达，长而尖。体淡黄褐色，腹部色淡；各鳍淡黄色。

分布范围　西北太平洋，从中国东部海域至菲律宾、印度尼西亚和巴布亚新几内亚等海域。我国分布于黄海、东海和南海。

生态习性　暖水性近岸小型底层鱼类，栖息水深30m以下，喜欢穴居于沙泥底质、贝类丰富的低潮区。善用尾尖钻穴，退潮时钻入沙泥中，涨潮时游至沙泥上面。以蛏、蛤和其他底栖动物为食。

条码序列 ■ ■ ■ ■ ·······

● 线粒体 DNA *CO I* 基因片段序列：CCTCTATCTAGTATTTGGTGCTTGAGCTGGAATAGTCGGCACCGCCCTGAGCCTACTAATTCGAGCCGAACTAAGTCAACCCGGGGCCCTCTTAGGAGACGACCAAATTTATAATGTCATTGTTACAGCGCATGCTTTCGTAATAATTTTCTTTATAGTAATGCCAGTAATAATTGGAGGTTTTGGCAATTGACTAGTACCCTTAATAATTGGAGCCCCTGACATAGCATTCCCACGAATAAATAACATGAGCTTTTGACTGCTCCCCCCCTCATTTTTACTCCTTTTAGCCTCCTCAGGGGTTGAAGCTGGGGCGGGAACAGGATGAACTGTCTATCCCCCTTTAGCCGGAAACCTTGCTCATGCAGGGGCCTCCGTAGACCTAACAATTTTTTCTCTTCACCTTGCAGGAGTTTCATCAATCCTGGGAGCAATTAACTTCATTACTACAATTATTAATATAAAACCCCAGCGATTACACAATATCAAACACCACTTTTCGTATGATCTGTTCTGGTAACAGCAGTTCTTCTACTCCTATCCCTACCAGTGCTTGCTGCAGGAATTACGATGCTCCTCACAGACCGAAACTTGAACACAACATTCTTTGACCCCGCAGGAGGAGGAGACCCAATTCTCTACCAACACCTATTC

● 线粒体 DNA 12S rRNA 基因片段序列：CACCGCGGTTATACGAAGAGGCTCGAATTGATATTTCACGGCGTAAAGAGTGATTAGAAGAAACAAAAACTAAAGCCAAATACCTCCCTAGCCGTCATACGCTTAAAGAGGCACGAAGCCCCACAACGAAAGTAGCTTTAACCCAACACCTTGAATTCACGAAAATTAAGAAA

3 狭颌海鳗

分类地位

辐鳍鱼纲 Actinopterygii

鳗鲡目 Anguilliformes

海鳗科 Muraenesocidae

狭颌海鳗属 Oxyconger

学名：*Oxyconger leptognathus*（Bleeker，1858）

英文名：Short-tail pike conger，Longbill pike conger

别名 / 俗名：细颌鳗

形态特征　小型海洋鱼类，最大个体长达600mm。体细长，侧扁，尾部长短于头与躯干合长。体较高。头大，呈细长锥状。吻突出，延长，吻端尖，上颌略长于下颌，上颌前方膨大。眼大，长椭圆形；眼间隔稍隆起。鼻孔每侧2个，均呈圆孔状，不具短管。舌不游离。口裂大，向后达眼的后下方。两颌齿一般3行，中间1行为特别大的犬齿，齿与齿之间有空隙；犁骨齿细小，钝锥状，前方1行，后方有不规则的2行。鳃孔宽大，侧下位。肛门位于体1/2处的后下方。体无鳞，皮肤光滑裸露。侧线孔明显。背鳍、臀鳍较发达，后部均与尾鳍相连。背鳍始于鳃孔上方或稍前，臀鳍始于肛门后缘。尾鳍短小，呈一膜状边缘。胸鳍长而尖。各鳍条均不分支。体呈亮银色，腹部较白；背鳍、尾鳍及臀鳍的末缘呈黑色，胸鳍透明。

分布范围　西北太平洋，自日本南部至澳大利亚西部和新南威尔士州。我国分布于东海南部和南海北部海域。

生态习性　暖水性底栖鱼类，栖息于大陆架100m以浅的海域，主要以小型鱼类为食。

条码序列　■ ■ ■ ■ ⋯⋯⋯⋯⋯⋯⋯⋯⋯⋯⋯⋯⋯⋯⋯⋯⋯⋯⋯⋯⋯⋯⋯⋯

● **线粒体 DNA *CO I* 基因片段序列：** CCTATATTTAGTATTTGGTGCTTGAGCTGGCATAGTGGGGACCGCACTGAGCCTTTTAATCCGGGCTGAACTAAGCCAACCCGGCGCCCTTCTAGGCGACGACCAAATCTATAACGTTATCGTGACAGCGCATGCCTTTGTAATGATTTTCTTTATAGTAATGCCCATCATAATTGGTGGGTTTGGAAACTGGTTAGTGCCCCTAATAATTGGAGCCCCAGACATGGCCTTCCCACGAATAAATAACATAAGCTTCTGACTTCTCCCCCCATCATTTTTACTTTTGCTCGCCTCCTCAGGAGTTGAAGCCGGAGCCGGCACAGGATGGACCGTATATCCCCCTTTAGCGGGGAATTTAGCCCATGCCGGGGCATCCGTCGACCTAACTATTTTCTCCCTGCATCTTGCGGGTGTTTCATCAATTTTAGGGGCCATTAATTTTATCACCACAATTATCAATATAAAACCCCCCGCAATTACACAATACCAAACGCCCCTATTCGTCTGATCAGTCCTAGTAACGGCAGTACTACTTCTCCTATCCCTCCCCGTCCTTGCTGCCGGGATCACAATACTCTTAACAGACCGAAACCTGAACACAACATTCTTTGACCCTGCGGGAGGGGGCGACCCAATTTTGTATCAACATCTATTC

● **线粒体 DNA 12S rRNA 基因片段序列：** CACCGCGGTTATACGAGTGGCTCAAATTGAAATTCCACGGCGTAAAGCGTGATTAGAGAAAGAAGAACTAAAGCCAAAAATACCCCCTGCTGTTATACGCTTACGGGGAAAGAGGCCCCACACGAAAGTAGCTTTAATTAATATTGAATTCACGACCATTGAGAAA

分类地位

辐鳍鱼纲 Actinopterygii

鲱形目 Clupeiformes

锯腹鳓科 Pristigasteridae

鳓属 *Ilisha*

学名：*Ilisha elongata*（Bennett，1830）

英文名：Elongate ilisha

别名/俗名：鳓鱼、白鳞鱼、曹白鱼

形态特征　中小型鱼类，常见体长220～390mm。体长而宽，很侧扁。背缘窄；腹缘有锯齿状棱鳞。头中等大，很侧扁，头顶平坦。头背后方略高。吻短钝，上翘。眼大，侧上位。脂眼睑发达，盖着眼的一半。眼间隔中间平。口小，向上，近垂直。口裂短。前颌骨和上颌骨由韧带连结。上颌骨末端圆形，向后伸达瞳孔下方。两颌、腭骨和舌上均有细齿。鳃盖骨薄。鳃孔大，向下开孔至头腹面的前方，约止于眼的前下方。假鳃发达。鳃耙较粗，边缘具小刺。鳃盖膜彼此分离，不与峡部相连。鳃盖条6个。体被薄圆鳞，易脱落。腹部棱鳞23～26+13～14枚。背鳍中等大，位于体中部，其基部短。臀鳍始于背鳍基终点的下方，其基部甚长，约为背鳍基的4倍。胸鳍侧下位，向后伸达腹鳍基。腹鳍甚小，位于背鳍前下位。尾鳍宽叉形。体背部灰色，体侧银白色。头背、吻端、背鳍、尾鳍淡黄绿色。背鳍和尾鳍边缘灰黑色，其余各鳍色浅。

分布范围　印度-西太平洋，自印度洋至爪哇海，北至日本海。我国沿海均有分布。

生态习性　暖水性近海中上层鱼类，一般群居生活，河口区域常见，低盐度水域偶然出现。幼鱼以浮游动物为食，成鱼则以虾类、头足类及小型鱼类等为食。游泳快，喜集群，产卵前有卧底习性。生殖期多不进食。有洄游习性，每年4～6月由越冬场洄游到盐度较低的浅海河口附近繁殖。

条码序列 ■ ■ ■ ■ ···

● 线粒体DNA *CO I* 基因片段序列：CCTCTATTTAGTATTTGGGGCATGAGCGGGCATGGCAGGTACGGCTTTAAGCCTACTAATTCGAGCAGAACTCAGCCAACCCGGAGCCCTCCTCGGCGATGACCAAATTTATAATGTAATCGTCACCGCACATGCCTTCGTAATAATTTTCTTTATAGTGATACCAATATTGATCGGAGGCTTTGGAAACTGACTAGTACCACTTATACTTGGCGCACCAGATATAGCATTCCCCCGAATAAACAACATAAGCTTTTGGCTTCTCCCCCCATCATTTCTTCTGTTACTAGCCTCCTCCGGGGTTGAAGCCGGAGTAGGAACAGGATGAACGGTATATCCCCCCTTAGCAGGAAATCTCGCCCACGCAGGAGCATCTGTAGATCTGGCTATTTTTTCACTTCACTTGGCTGGGATCTCATCAATTCTTGGGGCTATTAATTTTATTACCACAATTATTAACATAAAACCCCCAGCAATTTCACAGTACCAAACACCCCTATTCGTATGAGCTGTATTAGTCACAGCAGTGCTTTTTCTACTCTCTCCCCGTACTGGCTGCTGGAATCACAATGCTCCTCACAGACCGAAACTTAAACACCACATTCTTGACCCGGCAGGCGGGGGAGACCCCA

● 线粒体DNA 12S rRNA 基因片段序列：CACCGCGGTTAGACGAGAGGCCCCAGTTGATACATTCGGCGTAAAGAGTGGTTATGGGGACATAACACTAAAGCCAAAGACCCCTCAAGCAGTCATACGCACTCAGGAGTTCGAAGCACCAGCACGAAAGTCGCTTTACTTTACTCACCAGAACCCACGACAGCCGGGAGA

5 凤鲚

学名：*Coilia mystus*（Linnaeus，1758）

英文名：Osbeck's grenadier anchovy，Long-tailed anchovy

别名 / 俗名：凤尾鱼、烤子鱼

分类地位

辐鳍鱼纲 Actinopterygii

鲱形目 Clupeiformes

鳀科 Engraulidae

鲚属 *Coilia*

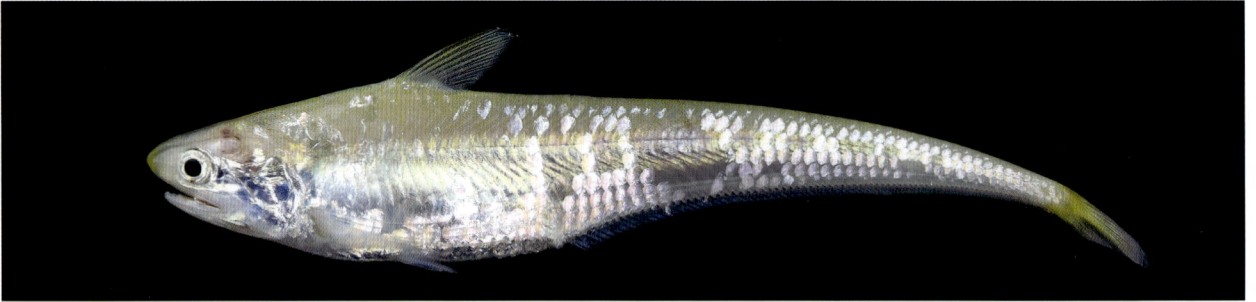

形态特征　中小型鱼类，常见体长140～190mm。体延长，侧扁，向后渐细长。腹部棱鳞显著。头短，侧扁。吻短，圆突。眼较大，近于吻端。眼间隔圆凸。口大，下位；口裂斜行。上颌骨向后伸达或超过胸鳍基底，上颌骨的下缘有细锯齿；辅上颌骨2块。齿细小，绒毛状；上下颌齿各一行，犁骨、腭骨均有绒毛状齿带。鳃孔宽大，假鳃发达；鳃耙细长；左、右鳃盖膜相连，与峡部分离；鳃盖条9～10个。体被圆鳞，鳞片大而薄；头部无鳞。腹缘有棱鳞。无侧线，纵列鳞60～65枚。背鳍起点约与腹鳍起点相对，背鳍基前方有1短棘，有13枚鳍条。臀鳍低而延长，起点距吻端较距尾鳍基为近，与尾鳍相连，有74～79枚鳍条。腹鳍短小，有1枚硬棘、6枚鳍条。胸鳍侧下位，上缘有6枚游离鳍条，延长为丝状，向后伸达或超过臀鳍起点。尾鳍不对称，上叶尖长，下叶短小，下叶鳍条与臀鳍条相连。体银白色，体背部淡绿色；鳃孔后部及各鳍鳍条基部金黄色；唇及鳃盖膜橘红色。

分布范围　西北太平洋，从朝鲜半岛至中国南海北部。我国沿海均有分布。

生态习性　河口性鱼类，有洄游习性，平时栖息于浅海，每年春季从海中洄游至河口咸淡水区产卵，产过卵的亲鱼又陆续回到海中生活。刚孵化不久的仔鱼就在江河口的深水处育肥，以后再回到海中，翌年达性成熟。幼鱼主要以桡足类为食，成鱼以磷虾、口足类和十足类等为食。凤鲚至少有长江、闽江、珠江等三个地理种群。

条码序列 ■ ■ ■ ■ ⋯⋯⋯⋯⋯⋯⋯⋯⋯⋯⋯⋯⋯⋯⋯⋯⋯⋯⋯⋯⋯⋯⋯⋯⋯⋯⋯⋯⋯⋯

● 线粒体 DNA *CO I* 基因片段序列：GACGACCAAATCTACAACGTCATTGTTACTGCCCATGCATTTGTTATGATTTTCTTTATAGTTATACCAGTAATAATCGGCGGTTTCGGAAATTGACTAGTCCCTCTGATACTCGGAGCACCCGATATGGCATTCCCCCGAATAAACAATATAAGCTTTTGACTCCTACCACCCTCATTTCTTCTTCTTTTAGCCTCATCTGGGGTAGAGGCGGGGGCAGGAACAGGATGAACAGTCTACCCGCCCTTGGCAGGAAACCTGGCTCACGCAGGGGCTTCAGTAGACCTAACAATCTTTTCACTTCACCTAGCCGGAATCTCATCTATTCTAGGGGCTATCAACTTCATCACAACAATTATTAATATAAAACCACCTGCAATTTCACAATACCAAACACCTTTATTTGTCTGAGCTGTATTAATTACGGCAGTACTTTTACTTCTATCCCTCCCAGTTTTAGCTGCTGGAATCACAATGCTCCTAACAGACCGAAACCTAAATACTACTTTCTTCGACCCTGCAGGAGGAGGTGACCCCATTCTTTACCAACACTTATTCTGA

● 线粒体 DNA 12S rRNA 基因片段序列：CACCGCGGTTATACGAGAGACCCTAGTTGACTCACACGGCGTAAAGAGTGGTTATGGAATTACAAAACTAAAGCCGAAAGCCCCCCAGACTGTCATACGCATCCGGGGGCCAGAACTCCACTATACGAAAGTAGCTTTACCAGCGCCTACCAGAACCCACGATAGCTGGGGCA

鳀 6

学名：*Engraulis japonicus* Temminck & Schlegel，1846

英文名：Japanese anchovy

别名 / 俗名：丁香鱼、日本鳀、鳀鱼、烂船钉、离水烂

形态特征 小型鱼类，常见体长75～140mm。体延长，稍侧扁，背、腹缘较平直；腹部无棱鳞。头稍大，侧扁。吻圆而短，其长短于眼径。眼大，侧上位，被脂眼睑覆盖。眼间隔宽，中间隆起。口大，前下位，上颌长于下颌。上颌骨后伸不到鳃孔。有2块辅上颌骨。上下颌、犁骨、腭骨及舌上均有小齿。鳃孔大。鳃耙细长。具假鳃。鳃盖膜不与峡部相连。体被圆鳞，鳞片中等大、易脱落；头部无鳞。无侧线，纵列鳞43枚。背鳍中等大，始于腹鳍稍后的上方，约位于体中央的附近，有14～15枚鳍条。臀鳍狭长，始于背鳍后下方，起始点距腹鳍起始点较距尾鳍基为近，有18～20枚鳍条。胸鳍下侧位，末端不达腹鳍。腹鳍小，始点位于胸鳍、臀鳍始点中间。尾鳍深叉形，上下两叶长几乎相等。体背部蓝黑色，侧上方微绿。两侧及下方银白色。体侧具一青黑色宽纵带。

分布范围 西北太平洋，从萨哈林岛（库页岛）南部、日本海域，到菲律宾和印度尼西亚。我国沿海均有分布。

生态习性 广温性中上层鱼类，有洄游习性。栖息于水色澄清的海域，集群性、趋光性较强，幼鱼更为明显，有明显的昼夜垂直移动现象。白天栖息在深水处，清晨和傍晚常成群到水面觅食。主要以浮游硅藻、小型甲壳类和小鱼为食。寿命约3龄，1龄可达性成熟。

条码序列 ■■■■

● 线粒体 DNA *CO I* 基因片段序列：CCTATATCTTATTTTCGGTGCCTGAGCAGGAATGGTAGGGACAGCACTTAGCCTCCTTATTCGAGCAGAACTAAGCCAACCAGGAGCACTTCTGGGGGACGATCAAATTTATAACGTAATCGTTACTGCTCACGCATTCGTAATAATCTTTTTTATGGTAATGCCCATCCTAATCGGTGGGTTCGGGAATTGACTGGTTCCTCTTATACTAGGGGCCCCAGACATGGCATTCCCCCGAATGAACAATATGAGCTTTTGACTCCTTCCCCCTTCTTTCCTTCTCCTCTTAGCATCATCTGGTGTTGAAGCAGGAGCCGGGACAGGATGAACAGTTTACCCCCCTCTAGCAGGAAACCTTGCCCACGCCGGAGCGTCAGTAGATTTAACAATCTTCTCTCTCCACTTGGCAGGGGATTTCATCAATCCTAGGTGCCATTAATTTCATTACTACTATCATTAATATGAAACACCTGCTATTTCACAATACCAGACACCTCTATTTGTCTGAGCTGTATTAATCACGGCAGTACTTTTACTTCTTTCACTACCCGTTCTAGCTGCTGGGATTACTATGCTTCTCACAGACCGAAACCTAAATACTACCTTCTTCGACCCAGCAGGGGGAGGAGACCCAATTCTTTATCAACACCTATTC

● 线粒体 DNA 12S rRNA 基因片段序列：CACCGCGGTTATACGAGAGACCCTAGTTGATTGAAGCGGCGTAAAGAGTGGTTATGGAATTTTCTACCCTAAAGCAGAAAACCTCTCAAACTGTTATACGCACCCAGAGGTGAAACCCCTTACACGAAAGTGACTTTATTTTCGCCTACCAGAAGCCACGAAAGCTGGGACA

7 黄鲫

学名：*Setipinna tenuifilis*（Valenciennes，1848）

英文名：Common hair-fin anchovy

别名 / 俗名：太的黄鲫、吉氏黄鲫、黑鳍黄鲫

分类地位

辐鳍鱼纲 Actinopterygii

鲱形目 Clupeiformes

鳀科 Engraulidae

黄鲫属 *Setipinna*

形态特征　小型鱼类，体长通常在200mm以下。体很侧扁，背缘窄，腹缘有强而锐利的棱鳞。头小而侧扁。吻短，钝圆。眼侧前位。眼间隔中间微凸。口大，倾斜。口裂窄长。上颌稍长于下颌。上颌骨细长，其后不伸达鳃孔。有2块辅上颌骨。两颌、犁骨、腭骨和舌上均有细齿。鳃盖骨宽短。鳃孔很大，向下开孔至头腹面的前部，约达眼的前下方。鳃耙扁针形。鳃盖膜彼此微连，不与峡部相连。鳃盖条12个。体被圆鳞，极易脱落。无侧线，纵列鳞44～46枚。胸鳍和腹鳍基部有腋鳞。背鳍起点与臀鳍起点相对，前方有1个小刺，有13～14个鳍条。臀鳍条短，有51～56枚鳍条。胸鳍位低，其上缘第一鳍条延长为丝状，向后达到臀鳍起点。腹鳍位于背鳍前下方，起点距胸鳍基与距臀鳍起点相等。尾鳍叉形。吻和头侧中部淡金黄色；体背部青绿色，体侧银白色；背鳍、臀鳍和胸鳍金黄色；腹鳍白色，尖端黄色；尾鳍金黄色，后缘黑色。

分布范围　印度-西太平洋，自孟加拉湾至巴布亚湾，南至澳大利亚北部，北至日本海南部。我国沿海均有分布。

生态习性　近岸及浅海鱼类，栖息于淤泥底质、水流较缓的浅海区，常在河口出现。主要以浮游甲壳类、箭虫、鱼卵、水母等为食。有洄游特性，每年4～6月游向黄渤海繁殖，11～12月离开产卵场和索饵场南下越冬。幼鱼生长速度较快，性成熟早，生命周期约4年。

条码序列 ■ ■ ■ ■ ....

● 线粒体 DNA *CO I* 基因片段序列：CCTTTATTTAGTATTTGGTGCCTGAGCAGGAATAGTAGGAACTGCACTAAGCCTTTTAATCCGAGCAGAACTCAGCCAACCAGGAGCACTACTAGGAGATGACCAAATCTACAATGTTATTGTTACCGCTCACGCATTCGTAATAATTTTCTTTATAGTAATGCCCATCCTCATCGGCGGTTTCGGGAACTGACTAGTGCCACTTATACTTGGGGCGCCTGACATGGCATTCCCACGAATAAATAATATAAGTTTCTGACTCCTACCCCCCTCATTTCTTCTTTTACTTGCTTCGTCTGGAGTTGAGGCAGGGGCAGGAACTGGATGAACAGTATACCCACCCTTAGCTGGAAACTTAGCCCATGCAGGAGCATCAGTAGACCTCACCATCTTCTCACTGCATTTAGCAGGAATCTCTTCTATTTTAGGAGCCATTAATTTTATCACCACAATTATCAATATAAAACCACCCGCAATCTCACAATACCAGACACCCCTATTCGTCTGAGCCGTGTTGATCACAGCAGTACTCTTACTCCTGTCGTTACCAGTATTAGCCGCCGGAATTACAATACTCCTCACAGATCGAAACCTAAATACCACTTTCTTCGATCCAGCAGGAGGAGGAGACCCAATTTTATATCAACACCTATTC

● 线粒体 DNA 12S rRNA 基因片段序列：ACCGCGGTTATACGAGAGGCCCTAGTTGACTAACACGGCGTAAAGAGTGGTTATGGAACCCTAAAACTAAAGCCGAAAGCCCCTCCTCCTGTCATACGTACTCAGGGGCCAGAACTACACTACACGAAAGTAGCTTTATTAACGCCGACCAGAACCCACGATAGCTGGGGCA

康氏侧带小公鱼 8

分类地位

辐鳍鱼纲 Actinopterygii

鲱形目 Clupeiformes

鳀科 Engraulidae

侧带小公鱼属 *Stolephorus*

学名：*Stolephorus commersonnii* Lacepède，1803

英文名：Commerson's anchovy

别名/俗名：康氏小公鱼

形态特征　小型鱼类，最大体长112mm。体延长，侧扁，背缘较平直，腹缘微凸；头中等大小。吻钝圆，吻长小于眼径。眼前侧位，无脂眼睑；眼间隔中间有一纵棱。鼻孔互相靠近，位于眼眶之前。口大，亚下位，斜裂。上下颌、犁骨、腭骨均有细齿。上颌骨后端伸达鳃盖骨后缘；前鳃盖骨后缘凹入，在上颌骨末端处呈锯齿状。鳃孔大。鳃盖膜彼此略相连而不与峡部相连。鳃盖条11～13个。假鳃发达。鳃耙细长。体被薄圆鳞，易脱落，无侧线。背鳍位于吻端和尾鳍末端的中间；背鳍前方有1个小刺；胸鳍和腹鳍之间的腹缘有6～7个小的针状骨刺；臀鳍短，始于背鳍基中部的下方，无鳍棘，通常有3枚不分支鳍条和14～17枚分支鳍条；胸鳍基部有腋鳞；尾鳍叉形。体乳白色，半透明，体侧有一条银白色纵带；头顶有一个U形青黑斑；鳃盖银白色。从背鳍向后沿背缘有2～3行小色素点；背鳍基部和尾鳍有小色素点；尾鳍黄色，其余各鳍色淡。

分布范围　印度-西太平洋，从印度洋北部向东至菲律宾，北至朝鲜半岛海域，南至印度尼西亚海域。我国分布于黄海南部、东海和南海。

生态习性　暖水性近岸及沿海中上层鱼类，喜栖息于20m以浅的港湾、河口及浅海水域，以浮游动物和小型鱼虾为食。群游性，不喜强光，有昼夜垂直移动现象。

条码序列　■ ■ ■ ■ ···

● 线粒体 DNA *CO I* 基因片段序列：CCTCTATTTAATTTTTGGTGCCTGAGCAGGAATAGTGGGAACAGCACTCAGCCTTCTTATCCGGGCAGAACTAAGCCAGCCTGGCGCACTTCTAGGGGATGACCAGATTTATAACGTAATCGTTACTGCCCATGCATTCGTTATGATTTTCTTTATAGTGATGCCTATTCTGATTGGCGGGTTTGGAAACTGGTTAGTACCTCTTATACTAGGAGCGCCTGACATGGCATTTCCACGTATGAACAACATAAGCTTTTGGCTCCTACCCCCCTCTTTTCTTCTTCTTCTCGCCTCCTCAGGCGTTGAGGCTGGAGCAGGGACCGGGTGAACAGTTTACCCCCCTTTGGCGGGCAACCTAGCCCATGCAGGAGCATCAGTTGACCTCACTATTTTTTCACTTCACCTGGCAGGGATCTCGTCTATCTTGGGGGCTATTAATTTTATTACCACAATTATTAACATGAAACCACCTGCTATTTCTCAATATCAAACACCTCTGTTCGTCTGAGCTGTATTAATTACAGCAGTACTTTTACTCCTTTCTCTTCCAGTTCTGGCTGCTGGAATTACAATACTTCTCACCGATCGGAATCTCAATACTACTTTTTTTGATCCCGCAGGAGGGGGAGACCCAATCTTATATCAGCATCTATTC

● 线粒体 DNA 12S rRNA 基因片段序列：CACCGCGGTTATACGAGGGACCCTAGTTGATGAACACGGCGTAAAGGGTGGTTATGGGACCCTCTTTTACTAAAATTGAAAGCCCCTTCAACTGTTATACGCATCCAGGGGTATTAATTTCTCTTACGAAGGTAGTTTTATTATTGTCAGCCAGAACCCACGATAGCCAGGACA

9 杜氏棱鳀

分类地位

辐鳍鱼纲 Actinopterygii

鲱形目 Clupeiformes

鳀科 Engraulidae

棱鳀属 *Thryssa*

学名：*Thryssa dussumieri*（Valenciennes，1848）

英文名：Dussumier's anchovy，Spotted occipital thryssa

别名 / 俗名：顶斑棱鳀

形态特征　小型鱼类，一般体长90～100mm，大的可达140mm。体窄而长，侧扁。头中等大，前端钝。吻短。眼侧前位。眼间隔略凸。口大，口裂向后下方略倾斜。上颌长于下颌。上颌骨延长，向后几乎伸达胸鳍末端，下颌骨长仅为上颌骨长之半。两颌、犁骨、腭骨、翼骨和舌上均有细小的齿。鳃盖骨光滑。鳃孔大，向下延至头腹面的前方。鳃耙长于鳃丝。鳃盖膜彼此连接而不与峡部相连。鳃盖条12个。体被圆鳞，易脱落。鳞片上有8～12条横沟线，大多数彼此相连。背鳍的前方有一小刺。胸鳍和腹鳍的基部有腋鳞。腹缘有15＋8～9枚棱鳞。无侧线。背鳍起点距吻端较距尾鳍基为近。臀鳍始于背鳍的后下方，其基部较长。胸鳍向后伸达腹鳍起点。尾鳍叉形。体呈银白色，背部青绿色。头顶后方有鞍状绿色斑。背鳍和尾鳍为淡黄色，其他各鳍为白色。

分布范围　印度-西太平洋，从印度向东至菲律宾，北至日本。我国分布于东海南部和南海北部。

生态习性　暖水性浅海鱼类，栖息于河口、海湾和近海表层。主要以浮游生物为食。有群游习性。

条码序列 ■ ■ ■ ■ ⋯⋯⋯⋯⋯⋯⋯⋯⋯⋯⋯⋯⋯⋯⋯⋯⋯⋯⋯⋯⋯⋯⋯⋯⋯⋯⋯⋯⋯⋯⋯

- 线粒体 DNA *CO I* 基因片段序列：CCTTTACTTAGTGTTCGGTGCCTGGGCAGGGATAGTAGGAACAGCATTAAGCCTCTTGATCCGAGCGGAATTAAGCCAACCAGGAGCACTTCTAGGGGACGATCAAATTTATAATGTAATCGTGACTGCTCATGCCTTCGTAATGATTTTCTTCATAGTAATGCCAATTSTAATTGGTGGTTTTGGAAACTGACTAGTGCCGCTTATATTAGGGGCACCTGACATAGCATTCCCACGAATAAACAACATAAGTTTCTGACTCCTTCCCCCCTCATTCCTTTTATTACTTGCCTCATCAGGGGTTGAAGCAGGGGCAGGAACCGGATGGACAGTGTACCCGCCCTTAGCAGGAAATTTAGCCCACGCAGGAGCATCAGTGGACCTTACCATTTTTTCATTACACTTGGCAGGAATCTCGTCCATTCTAGGGGCTATTAATTTTATTACTACAATTATTAACATGAAACCGCCTGCAATCTCACAATATCAGACACCCCTATTCGTCTGAGCCGTGCTAATCACAGCAGTACTCTTACTCCTATCCCTCCCAGTGCTAGCTGCCGGAATTACAATACTTCTTACAGATCGGAACCTTAACACCACCTTCTTTGACCCGGCAGGGGGGGGTGACCCAATCCTTTACCAGCACTTGA

- 线粒体 DNA 12S rRNA 基因片段序列：TACCGCGGTTATACGAGAGGCCCCAGTTGATACACACGGCGTAAAGAGTGGTTATGGAACCCTTACACTAAAGCCGAAAACCCCCTAGACTGTCATACGCACCCGGGAGTTAGAACCCCACTACACGAAAGTAGCTTTATTAATGCCCACCAGAACCCACGACAGCTGAGACA

赤 鼻 棱 鳀

10

学名：*Thryssa kammalensis*（Bleeker，1849）

英文名：Kammal thryssa，Short-jaw thryssa

别名 / 俗名：棱鳀、赤鼻、尖嘴

形态特征　小型鱼类，体长一般80～100mm。体延长，侧扁状。头中等大。吻突出，吻长约等于眼径。眼大，中侧位。眼间隔宽。鼻孔每侧2个，位于眼上缘前方。口大，下位，上颌长于下颌，上颌骨末端向后伸达前鳃盖骨下缘，不伸达鳃孔。上下颌、犁骨、腭骨和舌上均有细小的齿。鳃孔大。鳃盖膜不与峡部相连。鳃盖条11个。鳃耙长于鳃丝。体被圆鳞，鳞上有10～17条横沟线；无侧线；腹部有15～17+9～10枚棱鳞。背鳍始于腹鳍起点的稍后上方，有1枚鳍棘、12枚鳍条；胸鳍条11～13枚；腹鳍条7枚；臀鳍条28～34枚。尾鳍深叉形。体呈银白色，背部青绿色；吻部至头顶为橘黄色带红色；背鳍和尾鳍淡黄色，散布有小黑点，尾鳍后缘黑色。

分布范围　印度-西太平洋，从马来西亚的槟城、泰国南部至新加坡、加里曼丹岛南部、爪哇和苏拉维西，北至朝鲜半岛海域。我国北起辽宁大东沟，南至广东沿海均有分布。

生态习性　近海表层鱼类，栖息于近海、海湾和河口一带，以多毛类、端足类及其他浮游动物为食。

条码序列　■ ■ ■ ■ ···

● 线粒体 DNA *CO I* 基因片段序列：CTTTATTTAGTATTTGGTGCCTGAGCAGGAATAGTAGGAACAGCATTAAGTCTTTTAATCCGGGCAGAGCTGAGCCAACCGGGAGCCCTCCTGGGAGATGACCAGATCTACAACGTAATCGTGACTGCTCATGCTTTTGTAATAATTTTCTTTATGGTAATACCTATCTTAATTGGCGGCTTCGGAAATTGGTTAGTACCCCTCATGCTAGGGGCACCAGACATAGCATTTCCCCGAATGAATAACATAAGCTTTTGGCTCCTTCCCCCTTCATTTCTTCTCTTACTCGCCTCGTCAGGGGTAGAAGCAGGGGCAGGAACCGGATGAACAGTATACCCCCCTCTAGCAGGGAACTTGGCCCATGCAGGAGCATCAGTAGATCTAACCATTTTCTCCCTCCATCTAGCAGGAATCTCATCAATCTTAGGGGCCATTAACTTTATTACTACTATTATTAACATAAAACCGCCTGCAATCTCACAATATCAAACACCCTTATTTGTCTGAGCCGTGCTAATTACAGCAGTACTTTTACTCCTTTCTCTTCCAGTCCTAGCTGCCGGAATTACAATACTACTCACAGATCGAAACTTAAACACCACCTTCTTTGACCCGGCAGGAGGCGGTGACCCAATTCTTTATCAACACCTGTTC

● 线粒体 DNA 12S rRNA 基因片段序列：CACCGCGGTTATACGAGAGGCCCAAGTTGAACTAATACGGCGTAAAGAGTGGTTATGGAGTCCTTCACTAAAGCCGAAAGCCCCTTAAACTGTCATACGCACCCAGGGGCCAGAATCCCACCGCACGAAAGTAGCTTTATTAACGCCCACCAGAACCCACGACAGCTAGGACA

11 中颌棱鳀

分类地位

辐鳍鱼纲 Actinopterygii

鲱形目 Clupeiformes

鳀科 Engraulidae

棱鳀属 *Thryssa*

学名：*Thryssa mystax*（Bloch & Schneider，1801）

英文名：Moustached thryssa

别名 / 俗名：长颌棱鳀、油条

形态特征　小型鱼类，体长73～183mm。体延长，侧扁。头中大。吻圆钝，吻长短于眼径。眼较小，前侧位。眼间隔中间凸出。鼻孔每侧2个，位于眼前方。口大，亚下位，斜裂，口裂伸达眼后下方。上颌稍长于下颌。鳃孔大。鳃盖膜不与峡部相连。鳃盖条12～13个。肛门紧位于臀鳍前方。体被薄圆鳞，易脱落，鳞上有7～8条横沟线，多数不相连。无侧线。胸鳍和腹鳍的基部有肥大的腋鳞。腹部有14～17+10～12枚棱鳞。背鳍较小，位于体中部。臀鳍基部长，始于背鳍中部下方。胸鳍下侧位，鳍端伸达腹鳍。腹鳍小，位于背鳍前下方。尾鳍分叉。体呈银白色，背部青绿色。吻部浅黄色，胸鳍和尾鳍黄色。鳃盖后方有一个黄绿色大斑。

分布范围　印度-西太平洋，自印度西海岸至缅甸和印度尼西亚的爪哇，北至朝鲜。我国沿海均有分布。

生态习性　近海中上层鱼类，以多毛类、端足类及其他浮游动物为食。

条码序列 ■ ■ ■ ■ ·········

● 线粒体DNA *COI* 基因片段序列：CTCTATTTAGTATTTGGTGCCTGAGCAGGCATAGTAGGAACAGCTCTAAGCC
TTTTAATTCGGGCAGAGCTGAGCCAGCCAGGAGCGCTTTTAGGGGATGACCAAATCTATAATGTTATTGTAACCGCC
CATGCTTTCGTAATAATTTTTTTTTATGGTAATACCTATCCTAATTGGGGGCTTTGGAAATTGACTTGTACCACTCATG
CTAGGAGCGCCCGACATGGCATTCCCACGAATAAACAATATAAGCTTCTGATTACTACCCCCCTCATTCCTTTTACT
ACTAGCCTCATCCGGAGTCGAGGCAGGAGCAGGAACTGGGTGAACAGTTTACCCCCCCCTAGCAGGAAACTTAGCCC
ATGCAGGAGCATCCGTAGATCTTACTATTTTTTCACTCCACTTAGCAGGAATTTCATCCATTTTAGGGGCTATTAACT
TTATTACCACAATCATTAACATAAAACCACCCGCAATCTCACAATACCAAACACCCCTGTTTGTCTGAGCTGTACTG
ATTACGGCAGTACTTTTACTTCTCTCTCTCCCAGTACTAGCTGCTGGCATCACAATACTTCTCACAGACCGAAACCT
TAACACCACTTTCTTTGATCCCGCGGGAGGAGGCGACCCAATTCTCTACCAACACTTGTTC

● 线粒体DNA 12S rRNA 基因片段序列：CGGCGTAAAGAGTGGTTATGGAGCCAACACACTAAAGCCGAAAGCC
CCTTAAACTGTCATACGCACCCGGGGGCCAGAACCCCACCACACGAAAGTAGCTTTATCAATACCTACCTGAACCCA
CGACAGCTGGGACACAAACTGGGATTAGATACCCCACTATGCCCAGCCATAAACTTAGATGTTTTCGTACAATTAAC
ATCCGCAGGGGACTACGAGCACTAGCTTAAAACCCAAAGGACTTGGCGGTGCCTCAGACCCCCCTAGAGGAGCCTG
TTCTAGAACCGATAACCCCCGTTCAACCTCACCACTCCTTGCCCTTTCCGCCTATATACCACCGTCGCCAGCTTACC
CTGTGAAGGGAAAAAAGTAAGCAAAATGGAATCTCCCCCCAAAACGTCAGGTCGAGGTGTAGCACACGAAGTGGGA
AGAAATGGGCTACATTGCCTGATACAGGCCACTCACGGAAAGTTACCTGAAACGGTCACTCAAAGGTGGATTTAGCA
GTAAAAAGGGAATAGAGTGCCCCTTTGAAGTTGGCTCTGAGACGCGCACACACCCCGTCACTCTCCCCAACAACT
ACCCCAAAAAGTAAATAACACCATTAAACAAATAAAGGGGGAGGCAAGTCGTAACATGGTAAGTGTAC

斑 鰶 *12*

分类地位

辐鳍鱼纲 Actinopterygii

鲱形目 Clupeiformes

鲱科 Clupeidae

斑鰶属 *Konosirus*

学名：*Konosirus punctatus*（Temminck & Schlegel，1846）

英文名：Dotted gizzard shad

别名 / 俗名：扁鰶、刺儿鱼

形态特征　小型鱼类，常见体长在200mm以下。体长梭形，很侧扁，腹缘有18～20+14～16枚锐利的锯齿状棱鳞。头中等大，侧扁而钝，吻圆钝，突出。眼近于侧中位，脂眼睑较发达，遮盖眼的前后缘。眼间隔稍凸。鼻孔每侧2个，紧相邻，距吻端较距眼前缘为近。口小，近于下位，口裂短，不伸达眼前缘。上颌稍突出，略长于下颌，中间无显著缺刻。上颌骨后端伸达眼中部下方。口无齿。鳃孔大。鳃盖骨边缘光滑，鳃盖膜不与峡部相连。鳃盖条6个，假鳃发达。鳃耙细长。肛门位于臀鳍稍前方。体被薄圆鳞，形似六角形。头部无鳞；纵列鳞53～56枚；横列鳞21～24枚；胸鳍和腹鳍基部有短的腋鳞。背鳍1个，位于体中央，有15～17枚鳍条，最后的鳍条延长呈丝状。臀鳍基部中长，鳍条短，有21～24枚鳍条。胸鳍较长，后端伸达背鳍起点下方，有16枚鳍条。腹鳍小，位于背鳍起点稍后下方，有8枚鳍条。尾鳍分叉。体背侧青绿色，头背部较深，体侧下方和腹部银白色。吻部淡黄色。体侧上方有7～9纵列绿色小点。鳃盖部略呈金黄色。鳃盖后上方有一个深绿色斑块。

分布范围　印度-西太平洋，符拉迪沃斯托克（海参崴）以南、日本沿海至中国南海北部海域。我国沿海均有分布。

生态习性　暖水性浅海习见鱼类，一般栖息于近海海湾，能适应广泛的盐度变化，有时可进入淡水中生活。有洄游习性，喜集群游泳，以浮游生物为食，如软体动物的浮游幼虫、桡足类、藻类等。

条码序列 ■■■■ ···

● 线粒体 DNA *CO I* 基因片段序列：CCTTTATCTAGTATTTGGTGCCTGAGCAGGAATAGTAGGGACTGCCCTAAG CCTCCTAATCCGAGCGGAACTTAGCCAGCCCGGCGCGCTCCTAGGAGACGATCAAATCTACAATGTTATCGTTACGG CACACGCCTTTGTAATGATTTTCTTCATAGTAATGCCAATCCTGATTGGAGGGTTTGGGAACTGATTGGTTCCCCTAA TGATCGGGGCACCCGACATGGCATTCCCGCGAATGAATAACATGAGCTTCTGACTTCTTCCTCCCTCTTTCCTTCTCC TCTTGGCCTCCTCCGGTGTAGAAGCTGGGGCGGGGACAGGATGGACAGTCTACCCCCCTTTATCAGGGAACCTAGCC CATGCAGGTGCATCCGTCGACCTAACCATCTTCTCTCTCCATCTTGCAGGTATTTCATCGATCCTAGGGGCAATCAA TTTTATTACCACAATTATTAATATGAAACCCCCTGCAATCTCGCAATACCAAACTCCTTTATTCGTTTGGGCCGTGC TTGTCACTGCTGTATTACTTCTGCTATCTCTTCCGGTGCTGGCTGCGGGAATCACTATGCTTCTAACGGACCGGAATC TTAATACCACCTTCTTCGATCCTGCTGGCGGAGGAGACCCAATCCTTTATCAACACCTC

● 线粒体 DNA 12S rRNA 基因片段序列：CATTATGGGGTATCTAATCCCAGTTTGTGCCCAGCTGTCGTGGGTT CTGGTCGGAGGGGGTAAAGCTACTTTCGCTGTCGGTAAAACTCGTGCCAGCCACCGCGGTTATACGAGAGACCCAAG TTGATAAGCCCGGCGTAAAGAGTGGTTATGGATAGCACAAAACTAAAGCTAAAGACCCCCTAGGCTGTTATACGCAC CTGCGGCTCGAGTCACCAACACGAAAGTAGCTTTACCCCCTCCGACCAGAACCCACGACAGCTGGGGCA

13 青鳞小沙丁鱼

学名：*Sardinella zunasi*（Bleeker，1854）

英文名：Japanese sardinella

别名/俗名：锤氏小沙丁鱼、青鳞鱼、青鳞沙丁鱼

形态特征 中小型鱼类，常见体长为100mm左右，最大可达180mm。体长椭圆形，侧扁而高，背缘稍隆起，腹缘具锐利棱鳞。头略短，侧扁。吻中等长，短于眼径。眼中等大，上侧位，除瞳孔外均被脂眼睑所覆盖。鼻孔小，每侧2个，近吻端。口小，前上位，下颌略长于上颌，前颌骨小，上颌骨宽，后端伸达眼前缘1/3处下方。上下颌、腭骨、翼骨和舌上均有细小的齿。鳃孔大，假鳃发达，鳃盖膜不与峡部相连。鳃盖条6个，鳃耙42～56枚，较密而细长。肛门紧位于臀鳍前。体被薄而大的圆鳞，不易脱落，鳞片前部垂直沟相连；无侧线，纵列鳞41～44枚。腹缘有29～32枚锐利的棱鳞。背鳍1个，始于体中部稍前方，有17～19枚鳍条；臀鳍起点距腹鳍起点较距尾鳍基稍远，有18～19枚鳍条；胸鳍下侧位，末端不达腹鳍；腹鳍起点约位于背鳍第十鳍条下方，有8枚鳍条；尾鳍分叉。臀鳍的基部有鳞鞘，腹鳍基部有腋鳞；尾鳍无匕首状大鳞。体呈银白色，背部青褐色，鳃盖后上角有一个黑斑，口周围黑色。背鳍浅灰色，背鳍基前缘无黑斑。尾鳍浅黄色，上下叶末端不呈黑色。胸鳍、腹鳍、臀鳍淡色。

分布范围 西太平洋，从朝鲜半岛和日本南部海域至中国南海。我国沿海均有分布。

生态习性 暖水性中上层洄游性鱼类，栖息水深5～50m，我国近海和港湾比较常见，有群游习性。杂食性，以硅藻及小型甲壳类为食。

条码序列 ■■■■ ··

● 线粒体DNA *CO I* 基因片段序列：CCTTTATCTAGTATTCGGTGCCTGAGCAGGGATGGTCGGAACCGCCCTAAG
TCTTCTAATCCGAGCGGAGCTGAGCCAGCCAGGGGCACTCCTTGGAGATGACCAGATTTATAACGTCATTGTCACCG
CACATGCTTTCGTAATGATTTTCTTTATAGTTATGCCAATCCTGATTGGAGGGTTTGGAAACTGACTTGTTCCTCTAA
TGATCGGAGCCCCCGACATGGCCTTCCCGCGAATGAACAACATGAGCTTCTGGCTCCTTCCTCCTTCTTTCCTTCTTC
TCCTCGCCTCTTCAGGCGTAGAAGCCGGAGCAGGGACAGGCTGAACAGTGTACCCGCCCTTAGCAGGTAATCTAGCC
CACGCCGGTGCCTCTGTTGACCTAACCATTTTCTCACTACACCTGGCAGGTATTTCATCAATTCTAGGGGCGATTAA
CTTCATCACCACAATCATTAACATGAAACCTCCTGCAATCTCGCAGTACCAGACACCCCTGTTTGTCTGAGCTGTTC
TTGTAACAGCTGTTCTTCTACTTCTCTCTCTTCCAGTCCTAGCTGCTGGAATTACCATGCTCCTGACCGACCGAAACC
TGAACACGACTTTCTTCGATCCTGCAGGCGGAGGGGACCCAATCCTATACCAACACCTA

● 线粒体DNA 12S rRNA 基因片段序列：CACCGCGGTTATACGAGAGGCTCGAGTTGATAATCTCGGCGTAAAGA
GTGGTTATGGAGAAGACTAAACTAAAGCTAAAGACCCCCCAGGCTGTTTAACGCATGCGGGTATTCGAACCACTTAT
ACGAAAGTAGCTTTAACGCATTCCACCAGAATCCACGACAGCTGGGAAA

线纹鳗鲇 14

学名：*Plotosus lineatus*（Thunberg，1787）

英文名：Striped eel catfish

别名 / 俗名：鳗鲇、短须鳗鲇、线鳗鲇

形态特征　小型鱼类，一般体长250mm左右。体延长，前部稍平扁，后部侧扁。头平扁。吻长，圆钝。眼小，位于头的前半部，上侧位；眼间隔微凸。口中等大，前位。上颌长于下颌。上下颌齿锥形，排列呈带状；犁骨齿2～3行，排列呈半月形，后方中间齿最大。口附近有须4对，分别为鼻须1对、上颌须1对、颏须2对。鳃孔大，鳃盖膜不与峡部相连。体光滑无鳞。侧线明显。头部具由皮肤衍生的罗伦瓮感觉管，能感受水流、水压、水温等微小变化。背鳍2个，第一背鳍始于胸鳍后上方，具1枚硬棘和5枚鳍条；第二背鳍起点在腹鳍前上方，鳍条87～97枚，后方与尾鳍相连。臀鳍基长，鳍条74～83枚，后方与尾鳍相连。胸鳍有1枚硬棘、11～13枚鳍条。腹鳍起点在第二背鳍起点的稍后下方。体背侧黑褐色，腹部色淡。体侧中央及上半部有2条黄色纵带。第二背鳍、尾鳍和臀鳍边缘黑色。背鳍及胸鳍的第一根棘具毒腺。

分布范围　印度-太平洋，自红海和非洲东海岸至萨摩亚群岛，北至朝鲜半岛，南至澳大利亚。我国见于东海南部和南海。

生态习性　暖水性中下层鱼类，常见于河口和沿岸岩石底海域，是少数生活于珊瑚礁区的鲇鱼。有集群性，平常大多成群结队活动；白天栖息在岩礁或珊瑚礁洞隙中，晚上外出觅食，属夜行性鱼类。以小虾或小鱼为食。当幼鱼外出活动遇惊扰时会聚集成一浓密的球形群体，称为"鲇球"，以求保护。

条码序列　■■■■ ⋯⋯⋯⋯⋯⋯⋯⋯⋯⋯⋯⋯⋯⋯⋯⋯⋯⋯⋯⋯⋯⋯⋯⋯⋯⋯⋯⋯⋯⋯⋯⋯⋯⋯⋯

● 线粒体 DNA *CO I* 基因片段序列：CCTGTACTTAGTATTTGGTGCTTGAGCAGGAATGGTGGGCACAGCCCTAAGCCTACTAATTCGAGCAGAACTAGCTCAACCAGGCTCATTCCTAGGCGATGACCAAATTTATAACGTCATCGTCACCGCGCATGCCTTCGTAATAATTTTCTTTATAGTAATGCCAGTTATGATTGGGGGCTTTGGAAACTGATTAGTGCCACTAATAATTGGGGCACCAGATATAGCATTCCCCCGAATAAATAATATAAGCTTCTGACTACTCCCCCCCTCATTTTTACTCTTACTAGCCTCCTCAGGGGTTGAAGCCGGAGCTGGAACAGGGTGAACTGTTTATCCCCCTCTCGCTGGTAATATTGCACACGCGGGTGCTTCTGTAGACTTAACTATCTTCTCCCTACACCTCGCCGGAGTGTCATCTATCTTGGGCGCCATCAACTTCATCACAACTATTATTAACATAAAACCCCCAGCCATTTCCCAGTATCAAATGCCTCTATTCGTTTGATCTGTACTAATCACAGCCGTCCTCCTCCTTTTATCACTACCAGTATTGGCCGCTGGCATCACAATACTACTAACAGACCGAAACTTAAATACAACATTCTTCGACCCCGCGGGCGGGGGCGACCCCATCCTTTATCAACATCTTTTC

● 线粒体 DNA 12S rRNA 基因片段序列：CACCGCGGTTATACGAAAGACCCTAGTTGATACACACGGCGTAAAGGGTGGTTAAGGATAAACAATAAAGCCAAAGATCTTCTAAGCCGTTATACGCACCCGAAAGTCACGAGGCCCAGATACGAAAGTAGCTTTAAGACAAGCCTGACCCCACGAAAGCTAAGAAA

15 有明银鱼

分类地位

辐鳍鱼纲 Actinopterygii

胡瓜鱼目 Osmeriformes

胡瓜鱼科 Osmeridae

银鱼属 *Salanx*

学名：*Salanx ariakensis* Kishinouye，1902

英文名：Ariake icefish

别名 / 俗名：乌尾银鱼、银鱼、尖头银鱼、长鳍银鱼、面条鱼

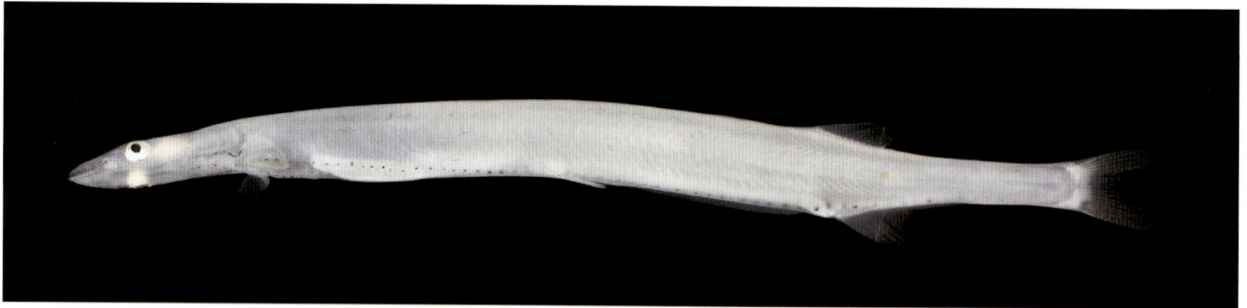

形态特征　小型鱼类，体长一般为160mm以下。体细长，前部略圆柱状，后部侧扁。头部平扁，吻部尖长，呈三角形。口裂宽大，上下颌和腭骨有尖锥状犬齿。眼小，眼间隔宽平。两颌等长，下颌前端有一骨化的缝突，稍后有3枚犬齿，较大的一枚穿过口盖部，形成一个小孔。两颌各有1行弯曲的犬齿；腭齿每侧1行；舌上无齿。鳃孔较大。鳃盖膜与峡部相连。鳃盖骨薄。具假鳃。鳃耙短小而疏。通常身体大部分裸露无鳞，或仅局部有不规则而易脱落的薄圆鳞。雄鱼臀鳍基部有1行较大的圆鳞，由前往后渐小，呈叠瓦状排列。无侧线。背鳍后位，基底与臀鳍基底前半部相对，起点稍前于臀鳍起点。脂鳍微小，位于臀鳍后上方。臀鳍较长大，起点稍后于背鳍起点。胸鳍狭长，后缘凹入，镰形，下侧位，基部肉质片不发达。腹鳍起点距臀鳍起点与距胸鳍基底约相等。尾鳍分叉。尾柄略细长。体白色，半透明。腹鳍有2行黑色小点，胸鳍、腹鳍外缘、臀鳍基部有黑色点。背鳍无色。尾鳍散布黑色点，呈黑色。

分布范围　西北太平洋，从日本海南部、朝鲜半岛近海、有明海至中国南海。我国分布于渤海、黄海、东海和南海北部沿岸海域。

生态习性　近海中上层鱼类，栖息于沿海港湾及河口咸淡水水域，以浮游甲壳类和小鱼为食。有短距离洄游习性，秋季溯河产卵后亲鱼死亡。孵化后的仔鱼生长很快，一年性成熟。

条码序列 ■■■■ ⋯⋯⋯⋯⋯⋯⋯⋯⋯⋯⋯⋯⋯⋯⋯⋯⋯⋯⋯⋯⋯⋯⋯⋯⋯⋯⋯⋯⋯⋯⋯⋯⋯⋯⋯

● 线粒体 DNA *CO I* 基因片段序列：CCTATATCTGATCTTCGGAGCCTGGGCAGGAATAGTGGGGACCGCTCTGAG
CCTCCTCATCCGAGCCGAACTTAGTCAGCCCGGCGCCCTCCTTGGAGACGACCAAATCTATAACGTTATCGTTACTG
CGCACGCCTTCGTAATAATCTTCTTCATGGTTATGCCAATCCTAATTGGCGGGTTTGGAAACTGGCTCATCCCACTTA
TGATTGGAGCCCCAGACATGGCCTTCCCTCGAATAAACAACATGAGCTTCTGGCTGCTCCCGCCCTCCTTCCTCCTC
CTCCTAGCCTCTTCTGGAGTCGAAGCAGGGGCCGGGACTGGTTGAACTGTTTACCCCCCTCTTGCCGGTAATCTAGCG
CATGCGGGGGCTTCTGTAGACCTTACCATCTTCTCCCTCCACCTTGCCGGTATTTCTTCTATTTTAGGGGCAATCAAC
TTCATCACAACCATTATTAACATGAAGCCCCCTGCCATCTCTCAGTACCAAACACCACTGTTCGTCTGATCCGTCCT
CATTACTGCCGTCCTCCTGCTACTTTCCCTGCCAGTCCTAGCTGCTGGCATCACTATGCTTCTAACAGACCGAAACC
TAAACACCACCTTCTTCGACCCTGCAGGAGGAGGGGACCCCATCTTGTACCAGCACCTGTTC

● 线粒体 DNA 12S rRNA 基因片段序列：CACCGCGGTTATACGAGTGGCCCAAGTTGAAGATAGCCGGCGTAAAG
AGTGGTTAGGGGAATAATAAACTAAAGCCGTAATACCCTCCAGGCCGTTATACGCTTCCGGAGGACACGAAGCCCCAC
TACGAAAGTGGCTTTAACTCACCTGAACCCACGACAACTAAGATA

龙头鱼 16

分类地位

辐鳍鱼纲 Actinopterygii

仙女鱼目 Aulopiformes

合齿鱼科（狗母鱼科）Synodontidae

龙头鱼属 *Harpadon*

学名：*Harpadon nehereus*（Hamilton，1822）

英文名：Bombay-duck

别名／俗名：虾潺、水潺

形态特征 中小型鱼类，常见体长约250mm，最大可达400mm。体延长，柔软，前部亚圆筒形，后部略侧扁。头中大，吻短，钝圆，眼很小，距吻端甚近。脂眼睑很发达。眼间隔宽，中间圆。鼻孔大，距眼甚近。口大，前位。口裂远伸到眼之后。下颌较上颌略长。两颌具细小的钩状齿，能倒伏。犁骨齿1行，腭骨每侧有1组齿带（2行），舌上密生许多细尖的齿。鳃盖光滑，鳃孔很大，假鳃稍明显，鳃盖膜不与峡部相连。鳃盖条23枚。鳃耙不发达，呈细针尖状。尾柄短。肛门约介于腹鳍起点和尾鳍基之间。背鳍1个，位于体中部上方，有11～12枚鳍条，前部鳍条略延长。脂鳍位于臀鳍基中间的上方。胸鳍位甚高，向后伸到腹鳍基，有10～12枚鳍条。腹鳍发达，较胸鳍略长，有9枚鳍条。臀鳍有13～15枚鳍条。尾鳍三叉形，中叶较短。身体乳白色，背鳍、胸鳍和腹鳍灰黑色或白色，臀鳍白色，尾鳍灰黑色。

分布范围 印度-西太平洋，自索马里至巴布亚新几内亚，北至日本，南至印度尼西亚。我国沿海均有分布。

生态习性 为沿海常见的中下层鱼类，生活于沿岸或河口一带至大陆架边缘海域。肉食性，以鱼、虾、蟹及头足类等为食，个性凶残，食量大。

条码序列 ■ ■ ■ ■ ....

● 线粒体 DNA *CO I* 基因片段序列：CTCTACCTCGTATTTGGTGCATGAGCTGGGATAGTGGGAACCGCCCTGAGCCTTTTGATCCGTGCTGAGCTGAGCCAGCCGGGGGCCCTGCTCGGTGACGATCAAATTTATAACGTAATCGTTACTGCCCACGCCTTCGTAATAATTTTCTTTATAGTAATGCCAATTATGATCGGGGGCTTTGGAAATTGACTCATTCCCCTGATGATCGGTGCCCCCGATATGGCGTTTCCCCGAATGAATAACATAAGCTTTTGACTCCTCCCACCCTCTTTCCTTCTTCTCTTGGCATCATCGGGAGTCGAAGCAGGGGCTGGAACCGGCTGAACAGTCTATCCTCCGTTAGCGGGAAACCTTGCTCACGCCGGGGCCTCTGTAGATCTAACCATCTTCTCGCTACACTTGGCTGGGATTTCCTCTATTTTGGGAGCCATTAATTTTATTACGACAATTATCAATATAAAACCTCCCGCCATTTCACAATACCAGACACCCCTCTTTGTTTGGGCTGTACTGATCACGGCTGTCCTTCTCCTCCTCCTTACCCGTTCTTGCAGCCGGAATCACAATGCTCTTAACTGATCGAAATCTTAATACCACCTTCTTTGACCCTGCAGGGGGCGGCGATCCCATCCTCTATCAACACTTATTC

● 线粒体 DNA 12S rRNA 基因片段序列：CACCGCGGTTATACGAGAGGCCCGAGTTGATGAACATCGGCGTAAAGTGTGGTTAGGACTTCCCCAATATAAAGTGAAACACCCCCAAGACTGTTATACGCTCCCGGGGGCAGGAAGCCCATCAGCGAAAGTGACTTTAGATCTCCGACCCCACGATAGCTGTGATA

17 长 体 蛇 鲻

学名：*Saurida elongata*（Temminck & Schlegel，1846）
英文名：Slender lizardfish
别名 / 俗名：蛇鲻、长蛇鲻、香梭

分类地位

辐鳍鱼纲 Actinopterygii

仙女鱼目 Aulopiformes

合齿鱼科（狗母鱼科）Synodontidae

蛇鲻属 *Saurida*

形态特征　中小型鱼类，常见体长180～200mm，最大可达500mm。体延长，圆筒形。头短，略平，吻钝。眼中大，上侧位，距吻端较距鳃盖后缘为近。脂眼睑发达。口大，前位，口裂长超过头长之半。两颌约等长。上下颌有许多锐利细齿，犁骨齿4～8枚，腭骨每侧具2组齿带。鳃孔大，鳃盖膜不与峡部相连，鳃盖条16个。鳃耙细小，尖针状。体被圆鳞。胸鳍和腹鳍基部有发达的腋鳞。侧线发达，平直。侧线鳞55～66枚。背鳍1个，始于腹鳍起点后上方，位于吻端和脂鳍的中间，有11～12枚鳍条。脂鳍位于臀鳍基底后半部的上方。臀鳍小于背鳍，有10～11枚鳍条。胸鳍短小，向后不伸达腹鳍基，有15枚鳍条。腹鳍起点距吻端较距臀鳍起点为近，有9枚鳍条。尾鳍分叉。体棕色，腹部白色。背鳍、腹鳍和尾鳍乳灰色，其后缘黑色；胸鳍和臀鳍白色。

分布范围　西北太平洋，从日本至中国南海北部海域。我国沿海均有分布。

生态习性　近海底层鱼类，栖息于水深20～100m的泥或泥沙底质海区。性凶猛，游泳迅速，但移动范围不大。黄海、渤海鱼群5～6月为繁殖期，南海北部湾2～3月为繁殖期，繁殖多在水深20～35m的沙泥底海区进行。卵生。为肉食性鱼类，以乌贼、虾蛄、鳀、小沙丁鱼、竹箦鱼等为食。

条码序列　■ ■ ■ ■ ……………………………………………………………………………………………

● 线粒体 DNA *CO I* 基因片段序列：CCTTTACCTTGTATTTGGTGCATGGGCCGGCATGGTGGGCACTGCCCTGAGC
CTTTTAATTCGTGCCGAACTTAGTCAACCGGGGGCCCTTCTCGGGGATGATCAAATTTACAACGTGATCGTCACCGCC
CACGCCTTCGTTATAATTTTCTTTATAGTAATACCAATCATGATTGGTGGATTTGGAAACTGACTAATTCCCCTAATG
ATCGGCGCCCCTGACATGGCATTTCCTCGTATGAACAATATGAGCTTCTGGCTCCTTCCTCCCTCTTTCCTCCTTTTA
CTGGCTTCCTCTGGTGTAGAAGCCGGGGCTGGAACCGGGTGGACAGTCTACCCGCCCCTGGCGGGCAATCTCGCCCAT
GCTGGTGCATCCGTTGACCTAACCATCTTTTCTCTACACCTAGCAGGAATTTCCTCCATTCTAGGGGCTATTAATTTT
ATTACTACGATTATCAACATAAAGCCCCCTGCCATCTCACAGTACCAGACCCCCTTATTTGTATGGGCGGTTCTGAT
TACCGCCGTCCTTCTTCTGCTCTCCCTCCCCGTTCTCGCGGCCGGAATTACCATACTCCTCACAGATCGAAACCTCAA
TACCACCTTCTTCGACCCCGCGGGAGGAGGGGACCC

● 线粒体 DNA 12S rRNA 基因片段序列：CACCGCGGTTATACGAGAGGCCCGAGTTGATAAACACCGGCGTAAAG
TGTGGTTAGGAATTTTCCCTCTAAAGTAAAACACCCCCAGAACTGTTATACGCTCCCGGGGGCAGGAAGCCCAACAA
CGAAAGTGACTTTAAACCTCCGACTCCACGACAGCTACGACA

日本裸蜥鱼

分类地位

辐鳍鱼纲 Actinopterygii

仙女鱼目 Aulopiformes

舒蜥鱼科 Paralepididae

光鳞鱼属 *Lestrolepis*

学名：*Lestrolepis japonica*（Tanaka，1908）

英文名：Japanese barracudina

别名/俗名：日本光鳞鱼、日本疵喙鱼

形态特征 中小型鱼类，常见体长160～220mm。体矮而延长，颇侧扁。自峡部至臀鳍前腹部正中有一明显皮褶。头狭长，侧扁。吻长而尖。眼中等大，侧位。眼间隔平坦，有纵嵴。两鼻孔紧接，仅以一鼻膜相隔。口大，前位。齿发达。鳃孔大。鳃盖膜与峡部不相连。假鳃发达。身体除侧线外均裸露无鳞。侧线鳞特化，埋于皮下，每一侧线鳞的上下缘各有4～5个小孔。侧线不完全，止于臀鳍中部上方。背鳍1个，颇小，位于体后半部，起点稍前于腹鳍和臀鳍之中点；脂鳍在臀鳍后部基底上方。臀鳍位于体后部，基底长。胸鳍小，侧位。腹鳍小于胸鳍，位于体中央后方。尾鳍分叉。体呈淡褐色，背部正中散有微细小黑点。眼正前方有一小黑点。腹部皮褶两侧各有一列较大黑色斑点。臀鳍及腹鳍基部有小黑点。尾鳍暗色。

分布范围 广泛分布于西太平洋。我国分布于东海和南海。

生态习性 热带中下层深海鱼类，幼鱼栖息于10～200m深的海域，成鱼生活水深为240～732m。游泳速度快。主要以小鱼小虾为食。

条码序列 ▪▪▪▪ ⋯⋯⋯⋯⋯⋯⋯⋯⋯⋯⋯⋯⋯⋯⋯⋯⋯⋯⋯⋯⋯⋯⋯⋯⋯⋯⋯⋯⋯⋯⋯⋯⋯⋯⋯⋯⋯⋯

● 线粒体 DNA *CO I* 基因片段序列：GGACAGCCCTAAGCCTGCTAATCCGAGCAGAACTAAGCCAACCGGGGGCCC
TATTGGGCGACGACCAGATTTATAATGTCATCGTTACAGCCCACGCTTTCGTGATAATCTTCTTCATAGTCATGCCC
GTTATAATTGGGGGCTTCGGAAACTGACTAATCCCACTAATAATCGGAGCCCCTGATATGGCTTTCCCCCGAATAAA
TAACATGAGCTTCTGACTTCTTCCCCCCTCTTTTCTCCTACTTCTTGCCTCCTCTGCCGTCGAAGCTGGGGCCGGCAC
CGGATGAACAGTTTACCCCCCTCTTGCGAGCAACTTGGCTCATGCAGGTGCTTCTGTGGACCTGACTATTTTTTCCCT
TCACTTAGCCGGGATTTCATCGATCTTAGGAGCCATTAATTTTATTACCACAATCATTAACATAAAACCTCCAGCTA
TCACGCAATATCAAACCCCTCTATTCGTGTGAGCCGTTTTAATCACCGCTGTTCTCCTCCTCTCCCTCCCTGTTC
TAGCCGCAGGGATCACAATACTACTCACAGACCGGAACTTAAACACAACTTTCTTCGACCCGGCAGGAGGCGGCGAC
CCCATTCTGTACCAACACCTGTTCTGATTCTTCGG

● 线粒体 DNA 12S rRNA 基因片段序列：AAACCTAGATAGAACCCTACACTCACTATCCGCCCGGGAACTACA
AGCACCAGCTTCAAACCCAAAGGACTTGGCGGTGCTTTAGACCCACCTAGAGGAGCCTGTTCTAGAACCGATACTC
CCCGTTCAACCTCACCACCTCTGGCCCCCCCCGCTTATATACCTCCGTCGCAAGCTTGCCCTTTGAAGGCCCCATC
GCAAGCTAATAAGGCATCGCCCCTCACGTCAGGTCGAGGTGTAGCGCATGAGGCGGAAAGAAATGGGCTACATTC
CTTGTCTAAGAGAACACGAAACGTGTGATGAAACTCACACCCGAAGGCGGATTTAGCAGTAAGAAGAAAAAACGA
GAGTTCT

19 七星底灯鱼

分类地位

辐鳍鱼纲 Actinopterygii

灯笼鱼目 Myctophiformes

灯笼鱼科 Myctophidae

底灯鱼属 Benthosema

学名：*Benthosema pterotum*（Alcock，1890）

英文名：Skinny-cheek lanternfish

别名 / 俗名：七星鱼、长鳍底灯鱼

形态特征 小型鱼类，常见体长70mm左右。体延长，侧扁，背腹缘皆圆钝。尾柄侧扁，尾柄长大于尾柄高。头中等大。吻钝圆而微突。眼巨大，侧上位，靠近前端，眼间隔狭窄，小于眼径。鼻孔2个，紧位于眼前方。口颇大，稍倾斜，上颌骨狭长，末端扩大而延伸至前鳃盖后缘；上下颌、犁骨、腭骨、中翼骨及舌面均有锐利的小齿。前鳃盖骨边缘光滑；鳃盖骨薄，呈膜状。鳃耙细密。体被弱圆鳞，易脱落，头部只鳃盖骨被鳞。侧线完全，位于体侧中央。背鳍1个，位于体中部，其后有1个小脂鳍；臀鳍起点位于背鳍基底末梢前方。胸鳍位低，末端可达背鳍基底中部下方。腹鳍较小，腹位。尾鳍叉形。发光器沿腹下缘仅有1行，腹面正中无发光器；尾侧发光器2个；胸鳍下方发光器2个，两者均呈水平状；腹部发光器4个，腹部第二发光器明显高出；第二尾侧发光器位置升高，位于侧线下缘；第二鳃盖发光器位于眼下缘纵线下方；胸部发光器5个，几呈水平状，最后一个不升高。体呈银灰色。各鳍无斑点。

分布范围 印度-西太平洋，自莫桑比克至阿曼湾，向东至澳大利亚西部，北至朝鲜半岛南部和日本海域。我国分布于黄海、东海和南海。

生态习性 近岸中底层鱼类，有昼夜垂直分布习性，白天一般栖息于130～300m水深处，晚上则于水深10～200m处觅食，以桡足类或其他甲壳动物的幼体为食。

条码序列 ■ ■ ■ ■ ⋯⋯⋯⋯

● 线粒体DNA *CO I* 基因片段序列：GCCCTCCTTGGGGATGACCAAATCTATAACGTAATCGTTACAGCCCATGCCTTTGTAATAATTTTCTTTATAGTCATGCCCATTCTAATTGGAGGATTCGGCAACTGACTTGTCCCCTTAATAATTGGTGCCCCTGATATGGCATTCCCCCGAATAAATAACATAAGCTTCTGACTTCTCCCACCATCTTTCCTTCTTCTCCTATCCTCCTCTGGCGTAGAAGCCGGGGCCGGGACAGGCTGAACTGTCTATCCCCCTCTGGCTGGAAATTTAGCCCATGCCGGAGCCTCTGTCGACTTGACCATCTTCTCCCTTCACCTGGCGGGGGTATCATCAATTCTGGGGGCAATCAACTTTATTACAACAATCCTTAACATAAAACCCCCTGCAATCCACCAATGCCAAACACCCCTCTTCGTTTGAGCCGTCCTAATTACAGCCGTTCTCTTACTCCTCTCCCTCCCCGTCCTAGCTGCAGGCATCACTATACTCCTAACAGACCGAAACCTAAACACCACCTTCTTCGACCCTGCTGGCGGANGAGACCCCATCCTTTACCAACACCTCTTCTGATTCTTTGG

● 线粒体DNA 12S rRNA 基因片段序列：CACCGCGGCCATACGAGTGTGCCCAAGCGGACAGTCTGTCGGCGTAAAGCGTGGTTAGGGATAAATTATTAACTACTAAAGCTAAACCCCATCAAGGCCGTAATACGCACCCGATGATGTGAGACCCAACCACGAAGGTGGCTTTAAACAAACCCGAACCCACGAGAGCCGAGAAA

分类地位

辐鳍鱼纲 Actinopterygii

鳕形目 Gadiformes

犀鳕科 Bregmacerotidae

犀鳕属 *Bregmaceros*

拟尖鳍犀鳕 20

学名：*Bregmaceros mcclellandi* Thompson，1840

英文名：Unicorn cod

别名/俗名：黑鳍犀鳕

形态特征 小型鱼类，最大体长130mm。体延长，侧扁，背缘平直，腹部圆。头小。吻短，圆形，小于眼径。眼侧位，大而圆形，上半部被透明半圆形脂眼睑；眼间隔宽而圆突，大于眼径。鼻孔2个，位于眼前方。口大，端位，口裂稍斜，两颌约等长，颌骨后延至眼的中部下方。无假鳃。鳃耙短小，针状。体被小圆鳞，头部无鳞。背鳍2个；第一背鳍为一丝状延长鳍条，位于头顶部，鳍端未伸达第二背鳍起点，平放时纳于背沟中。第二背鳍延长，具57枚鳍条，前部鳍条高大，中部鳍条低弱，后部鳍条低于前部鳍条，边缘圆形。臀鳍与背鳍相似，具58枚鳍条。腹鳍喉位，由6枚平扁鳍条组成，基部互相交叠，外侧3枚鳍条延长，几伸达臀鳍中部，内侧3枚鳍条短小，平放时鳍条前部纳于腹沟中。胸鳍宽短，基部上方具一皮膜。尾鳍圆形。腹膜浅色。无鳔。背侧面浅灰色，腹面浅色，第二背鳍前部及后部前上方、尾鳍和胸鳍上中部均黑色；腹鳍及臀鳍浅色。

分布范围 环热带及亚热带诸海区，南达澳大利亚，北至日本南部。我国主要分布于东海南部（如浙江大陈岛）到台湾东北附近海域。

生态习性 热带及亚热带温水性鱼类。一般栖息深度在20～30m，最深可达2 000m。以浮游生物为食。喜集群洄游，有明显的垂直洄游习性。

条码序列 ■ ■ ■ ■ ·······

● 线粒体DNA *CO I* 基因片段序列：ATGGCAACTGTCCGATGATTATTCTCTACCAACCATAAAGATATTGGTACC
CTTTATTTAGTATTTGGTGCCTGAGCCGGAATAGTAGGAACCGCATTGAGCCTATTAATTCGTGTAGAATTAGCCCAA
CCTGGGGCTTTCCTCGGCGATGATCAAATCTATAATGTTATCGTCACAGCCCACGCCTTTGTTATAATTTTCTTCATA
GTTATACCAGTAATAATTGGAGGCTTTGGAAACTGATTAGTCCCCTTAATAATTGGGGCCCCTGATATAGCCTTTCCC
CGAATAAATAATATAAGCTTCTGATTACTTCCCCCTTCCCTTCTCCTTCTCTTAGCATCCTCAGGGGTTGAAGCAGGT
GTGGGAACTGGATGAACAGTCTATCCCCCTTTAGCTGGTAACTTCGCTCACTCAGGGGCATCAGTCGACCTGGCAATC
TTCTCCCTTCACCTCGCAGGGATTTCCTCAATTCTTGGAGCAATTAACTTTATCACAACTATTGTTAACATGAAACC
CTCGGCTTCTGGGCAATTCCGAATCCCACTATTTGTATGATCTGTATTCATCACTGCTATTCTTCTTCTTCTTTCTT
CCTGTCCTAGCAGCAGGCATCACCATGCTCCTCACAGATCGAAATCTTAACACATCCTTCTTTGA

● 线粒体DNA 12S rRNA 基因片段序列：CAAAAGTTTGGTTCTAGCTTTTACATCAGCCCTAACTTAAATTACAC
ATGCAAGTCTCCGCCCTTCCTGTGAAAAGCCCTTAGCTTTCCTTTTCCAAACAAGGGGCCGAGGAGCGGGTATCAGGC
TCAATTTCTAGCCCAAGACACCTTGCCTAGCCACATCCCCACGGAC

21

黄 鮟 鱇

学名：*Lophius litulon*（Jordan, 1902）
英文名：Yellow goosefish
别名 / 俗名：海蛤蟆、老头鱼

分类地位

辐鳍鱼纲 Actinopterygii

鮟鱇目 Lophiiformes

鮟鱇科 Lophiidae

鮟鱇属 *Lophius*

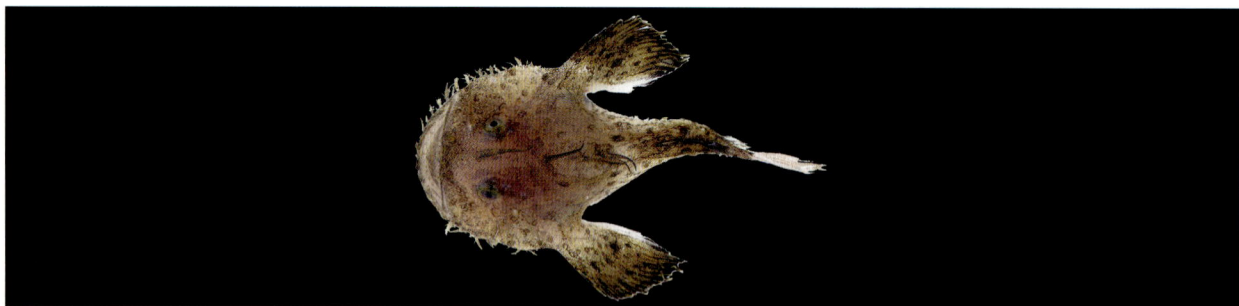

形态特征 大中型鱼类，体长一般在 200 ～ 300mm，最大可达 1.5m。体前端平扁，呈圆盘状，向后细尖，呈柱形。头大而平扁。口宽阔，平扁，背面无大凹窝。眼位于头上方，稍小，距吻端较距鳃孔为近；眼间隔宽；体柔软、无鳞，但头体上方、两侧及下颌边缘均有很多大小不等的皮质突起。有侧线，侧线前方侧高位；附肢（胸蹼）肥厚；额骨侧脊有两列低的锥形脊；有伪鳃（拟鳃）；肱骨脊发达，有 2 ～ 3 枚小棘。吻触手短，纤细，无卷须，通常比第二背鳍棘短；饵球具有类似三角信号旗状的简瓣，无长触毛和眼状囊（附肢）。第一背鳍有 6 枚鳍棘，第一鳍棘位于吻上形成吻触手，第二鳍棘末端呈深色并且具有黑色卷须；第四至第六鳍棘短，无卷须；背鳍有 10 枚鳍条。胸鳍宽大，位于体两侧中央，基部呈臂状。臀鳍位于体后方，有 8 ～ 11 枚鳍条。体呈黄褐色，背部有不规则的深棕色网纹；腹面浅色；胸鳍底末梢呈深黑色；臀鳍与尾鳍深黑色；口内底前部为黄色。

分布范围 西北太平洋，从朝鲜和日本至中国东部海域。我国分布于渤海、黄海和东海，台湾东北部偶尔可见。

生态习性 近海底层鱼类，行动迟缓，常匍匐于水底。肉食性，主要以鱼类及甲壳类为食，通常以吻触手及饵球诱捕食物。口大，胃大，食量也大，有时能摄食与其体重约相等的鱼虾类。因能发出类似于老人咳嗽的声音，俗称"老头鱼"。

条码序列 ■ ■ ■ ■ ···

● 线粒体 DNA *CO I* 基因片段序列：CCTTTATTTAATCTTTTGGTGCCTGAGCCGGAATAGTGGGCACCGCCCTGAGCTTACTAATTCGGGCTGAACTAAGCCAACCCGGCGCCCTCTTAGGGGATGACCAAATCTACAACGTTATTGTTACCGCACATGCCTTTGTAATAATTTTCTTTATGGTTATACCAATTATGATCGGAGGATTCGGAAATTGACTTATCCCCCTAATGATCGGAGCCCCAGACATGGCTTTCCCCCGAATGAATAACATAAGCTTCTGGCTTCTCCCCCCCTCTTTCCTCCTACTACTTGCCTCTTCCGGGGTTGAAGCCGGAGCAGGCACTGGATGAACCGTCTACCCCCCGCTGGCAGGAAACCTTGCACATGCAGGGGCTTCCGTAGACCTAACGATTTTTTCCCTTCATCTAGCCGGGATCTCTTCAATCCTAGGGGCAATCAACTTTATTACAACAATTATTAATATAAAACCCCCACAATCTCCCAGTACCAGACGCCTTTATTCGTATGGGCTGTTTTAATCACAGCAGTTCTATTACTCCTGTCCCTACCCGTGCTTGCGGCAGGAATTACTATACTCTTAACAGACCGAAACCTAAACACCACTTTTTTTGATCCCACGGGGAGGAGGGGACCCTATCCTGTACCAACACTTA

● 线粒体 DNA 12S rRNA 基因片段序列：CACCGCGGTTATACGAGAGGCCCAAGTTGATAACAGTCGGCGTAAAGCGTGGTTAGGACATCAACCCTACTAAAGTCGAATGTCCTCAAAGTGTTATACGCACCCGAGGATAAGAAGTTCAAACACGAAAGTAACTTTATAAGTCTGAACCCACGAAAGCTACGGCA

分类地位

辐鳍鱼纲 Actinopterygii

鲻形目 Mugiliformes

鲻科 Mugilidae

鮻属 *Planiliza*

鮻

学名：*Planiliza haematocheilus*（Temminck & Schlegel，1845）

英文名：So-iuy mullet

别名 / 俗名：梭鱼、龟鮻、赤眼鮻

形态特征　中到大型鱼类，最大体长可达750mm。体呈圆筒形，前端扁平，尾部侧扁。头短宽，前端扁平，吻短钝，口亚下位，呈"人"字形。上颌略长于下颌，上颌骨在口角处急剧下弯，后端显著露出于眶前骨之外；下颌前端有一突起，与上颌凹陷相嵌合；上下颌边缘具有绒毛状细齿。眼较小，稍带红色；脂眼睑不发达，仅存在于眼的边缘。鳞中等，除吻部外全体被鳞；胸鳍无腋鳞；无侧线，纵列鳞36～43枚，横列鳞12～13枚。背鳞前方正中无纵行隆起嵴。第一背鳍短小，由4根硬棘组成，位于体正中稍前；第二背鳍在体后部，与臀鳍相对；胸鳍位置较高，贴近鳃盖后缘；尾鳍分叉浅，呈微凹形。头、背部深灰绿色，体两侧灰色，腹部白色，各鳍灰白色。

分布范围　西北太平洋，自朝鲜半岛和日本海域至越南海域。也被引入爱琴海、黑海和地中海。我国沿海均有分布。

生态习性　近海底层鱼类。多栖息于沿岸沙泥底质海域，也见于江河口的咸淡水中，亦能进入淡水中生活。性活泼，善跳跃，常成群溯河洄游。一般4龄达性成熟，生殖季节为4～6月，在浅海和江河口咸淡水区域产卵。每年7、8月，大量鮻的幼鱼活动在河口浅滩处，以浮游生物为食，也食植物碎片。成鱼以食腐败有机质及泥沙中的底栖生物为主。

条码序列　■■■■ ....

● **线粒体 DNA *CO I* 基因片段序列：** CTCTATCTAATCTTCGGTGCCTGAGCAGGTATAGTAGGGACTGCCCTAAGCC
TGCTTATCCGAGCAGAACTAAGCCAGCCTGGCGCTCTCCTAGGGGACGACCAGATCTATAATGTAATCGTTACAGCA
CACGCCTTCGTAATAATTTTCTTTATAGTAATGCCAATCATGATTGGAGGGTTCGGAAACTGACTAATCCCCTTAAT
GATCGGCGCCCCCGACATGGCCTTCCCTCGAATAAATAACATAAGCTTCTGACTCCTCCCTCCCTCATTTCTTCTCCT
TTTAGCATCCTCTGGCGTAGAAGCAGGGGCCGGGACCGGATGAACCGTCTACCCTCCCTTAGCCAGCAACCTAGCAC
ATGCCGGAGCATCAGTTGACTTAACAATTTTCTCCCTTCACCTGGCAGGTGTTTCCTCAATTCTAGGAGCCATTAACT
TTATTACTACTATTATTAACATGAAACCCCCCGCAATTTCCCAATACCAAACTCCGCTCTTCGTATGAGCCGTTCTA
ATTACTGCCGTCCTCCTTCTCCTATCCCTGCCAGTCCTTGCTGCCGGAATCACCATACTCTTAACAGATCGAAACTT
AAACACTTCTTTCTTCGACCCAGCAGGAGGGGGGGATCCCATTCTATACCAGCACC

● **线粒体 DNA 12S rRNA 基因片段序列：** CACCGCGGTTATACGAGAGGTCCAAGCTGACAGCCATCGGCGTAAAG
AGTGGTTAAGTTAACTGACACAACTAAAGTCGAACGCCCCCAAGACCGTTATACGTGCTCGGAGGTATGAAGCCCA
ACGACGAAAGTGGCTTTAAAATTCCTGACCCCACGAAAGCTGTGAAA

23 凡氏下银汉鱼

分类地位

辐鳍鱼纲 Actinopterygii

银汉鱼目 Atheriniformes

银汉鱼科 Atherinidae

下银汉鱼属 Hypoatherina

学名：*Hypoatherina valenciennei*（Bleeker，1854）

英文名：Sumatran silverside，Flathead silverside

别名/俗名：银汉鱼、瓦氏下银汉鱼、白氏银汉鱼、布氏银汉鱼

形态特征　小型鱼类，最大体长120mm左右。体细长，侧扁，背缘圆凸，腹缘较狭；头短而尖，背面宽平。眼大，距吻端较距鳃盖后缘为近。眶上骨微突起。眼间隔宽，微凹，稍小于眼径。鼻孔小，位于眼的前方。口小而斜，上下颌约等长，或上颌稍长；前颌骨能伸缩，上颌骨后端伸达眼前缘下方。齿细小，上下颌及犁骨齿各成一狭带。舌大，游离，前端圆形，舌上无齿。鳃孔甚大，鳃盖膜分离，不与峡部相连；鳃盖条5个；前鳃盖骨边缘波曲，具突起；鳃盖骨边缘光滑。鳃耙细长。体被弱栉鳞，头部无鳞；鳞大，后缘呈锯齿状，前缘中央有一柄状突出。无侧线。背鳍2个，第一背鳍有5～6枚鳍棘，细弱，约等长；第二背鳍有1枚鳍棘、9枚鳍条，鳍棘弱而短。臀鳍与第二背鳍相似，有1枚鳍棘、12～14枚鳍条；胸鳍高位，尖形；腹鳍位于胸鳍后部下方；尾鳍分叉。肛门位于腹鳍基底与末端间的中央。体呈银白色，背部略带青绿色，有时有银色光泽；背部及头顶具黑色小点；体侧有一条银白色带状纹，离水后易变为暗色；吻端黑色；各鳍透明，有时稍呈暗色或带暗色缘。

分布范围　西太平洋，印度尼西亚至所罗门群岛，北至日本南部，南至巴布亚新几内亚。我国沿海均有分布。

生态习性　暖水性近海上层鱼类，栖息于沙泥底质的沿岸和礁区附近海域，也可进入河口。以小型浮游动物为食。常成群，移动缓慢，但逃逸迅速。

条码序列 ■ ■ ■ ■ ....

● 线粒体 DNA *CO I* 基因片段序列：CCTTTATCTAGTATTTGGTGCTTGAGCCGGAATAGTAGGCACCGCCCTAAG
CCTTCTCATTCGGGCAGAACTAAGCCAACCAGGCTCTCTCCTTGGAGACGACCAGATCTATAATGTTATCGTAACAG
CACACGCCTTTGTAATAATTTTCTTTATAGTAATACCAATTATGATTGGAGGCTTCGGAAACTGACTGATCCCCCTT
ATGATCGGGGCTCCTGACATGGCATTCCCTCGAATGAATAATATGAGCTTCTGACTTCTGCCCCCCTCATTCCTTCTT
CTTCTGGCCTCCTCTGGTGTTGAAGCCGGGGCTGGAACAGGTTGAACAGTTTATCCTCCCCTAGCCGGTAACCTGGCC
CACGCCGGAGCGTCTGTAGACCTAACTATTTTCTCTCTTCATTTAGCAGGTGTTTCATCAATCCTCGGAGCCATTAAT
TTTATTACAACAATTATTAATATGAAACCTCCTGCCATCTCGCAATATCAAACACCCCTATTCGTCTGAGCAGTCCT
AATCACTGCCGTACTTCTTCTGCTTTCTCTTCCAGTTCTAGCTGCCGGCATTACTATGCTACTAACAGACCGAAACC
TAAATACCACTTTCTTTGACCCTGCCGGAGGGGGAGATCCCATTCTTTACCAACATCTC

● 线粒体 DNA 12S rRNA 基因片段序列：CACCGCGGTTATACGAGAGGCCCAAGTTGATAGCCATCGGCGTAAAG
AGTGGTTAAGAAAACCCCTAAAACTAAAGCTGAACACTCTCAAGACTGTTATACGTACCCGAGAGCAAGAAGCCCT
TCTACGAAAGTGGCTTTAACCCTTCTGAACCCACGAAAGCTGG

分类地位

辐鳍鱼纲 Actinopterygii

颌针鱼目 Beloniformes

飞鱼科 Exocoetidae

须唇飞鱼属 Cheilopogon

多氏须唇飞鱼 24

学名：*Cheilopogon doederleinii*（Steindachner，1887）

英文名：Doederlein's flyingfish

别名 / 俗名：燕鳐鱼、垂须燕鳐、垂须飞鱼、窄头燕鳐、细头飞鱼

形态特征　中小型鱼类，体长通常为300mm左右。体长梭形。头稍短，头长占体长小于24%，额顶宽平，鳃峡部较窄。吻短钝，吻长小于眼径。眼大，圆形，侧上位，距吻端较距鳃盖后缘明显为近。眼间隔宽阔，略下凹。鼻孔每侧1个，较大，位于眼前上方，鼻瓣明显。口前位，张开时下颌稍突出于上颌。单尖齿，上下颌齿弱小。舌狭长，表面具小刺。腭骨及犁骨无齿。鳃孔大，鳃盖膜不与峡部相连。幼鱼颏部有1根长须。鳃耙发达，排列整齐，表面具棘状小刺。肛门位于臀鳍稍前。体被大圆鳞，薄且易脱落。侧线明显，侧下位。背鳍前鳞32～33枚。肛门至腹鳍起点有7～8枚鳞片，排列整齐。背鳍位于背部远后方；胸鳍侧上位，向后伸达背鳍末端，第一鳍条不分支，第三、第四分支鳍条最长；腹鳍第一分支鳍条最短，第三分支鳍条最长，向后伸达臀鳍后端；臀鳍基部短，始于背鳍第六和第七鳍条基下方；尾鳍深分叉，下叶长于上叶。体背部青黑色，体侧及腹部银白色，胸鳍和尾鳍浅黑色，背鳍和臀鳍灰色。

分布范围　西太平洋，日本和朝鲜半岛海域及以南。我国分布于黄海、东海。

生态习性　热带和温带鱼类，主要以浮游动物为食。有洄游习性。晚春和夏季产卵。

条码序列 ■■■■ ···

● 线粒体 DNA *CO I* 基因片段序列：CCTTTATTTAGTATTTGGTGCCTGAGCAGGAATAGTAGGGACAGCCCTAAG
CCTTCTTATTCGAGCAGAACTAAGCCAACCAGGCTCTCTCCTTGGAGACGACCAAATTTATAACGTAATTGTTACAG
CACATGCCTTTGTAATAATTTTCTTTATAGTAATGCCAATTATAATTGGTGGCTTTGGAAACTGACTCGTACCCCTTA
TGATCGGAGCCCCCGACATGGCGTTCCCTCGAATGAATAACATGAGCTTTTGACTCCTTCCACCCTCCTTCCTTCTAC
TCCTAGCCTCTTCAGGAGTCGAAGCTGGGGCCGGGACAGGATGAACAGTGTACCCCCCTCTAGCAGGAAACCTAGCC
CACGCTGGAGCATCTGTTGACCTAACAATTTTTTCACTCCATCTAGCAGGAATTTCATCAATTCTAGGGGCGATTAA
CTTTATTACAACAATTATTAATATAAAACCTCCTGCAATTTCACAGTACCAAACCCCACTTTTCGTGTGAGCAGTTC
TTATTACAGCAGTTCTTCTGCTTCTCTCTCTTCCCGTTCTTGCAGCAGGGATCACTATACTTCTTACAGACCGAAACT
TAAACACAACATTCTTTGACCCTGCCGGAGGAGGTGACCCAATTCTTTACCAACACTTATTT

● 线粒体 DNA 12S rRNA 基因片段序列：CACCGCGGTTATACGAGAGGCCTAAGTTGACAGACAACGGCGTAAAG
AGTGGTTAAGGAAAAATTTATACTAAAGCCGAACATCCTCAAGACTGTCGTACGTTTCCGAGGATATGAAGTCCCCC
TACGAAAGTGGCTTTAACTCTCCTGACCCCACGAAAGCTGTGACA

25 瓜 氏 下 鱵

分类地位

辐鳍鱼纲 Actinopterygii

颌针鱼目 Beloniformes

鱵科 Hemiramphidae

下鱵属 Hyporhamphus

学名：*Hyporhamphus quoyi*（Valenciennes，1847）

英文名：Quoy's garfish

别名 / 俗名：瓜氏鱵、半嘴鱼

形态特征　小型鱼类，大者体长300mm左右。体长圆柱形，稍侧扁，尾部较侧扁。头较小，前端尖；吻较短。眼较大，圆形，侧上位。眼间距宽阔。鼻孔较小，长圆形，有一个圆扇形嗅瓣；嗅瓣边缘完整，无穗状分支。口较大，上颌骨与前颌骨愈合，钝圆，上颌长为宽的1.4～1.7倍；下颌突出，延长呈短粗平扁针状。上下颌仅相对部有齿，上颌齿4～5行、下颌齿4～6行，排列成不规则带状；上颌缝合部无齿；犁骨、腭骨及舌上无齿。上颌无唇，下颌针状部两侧及腹面有一个皮质瓣膜。眶前骨感觉管后支与前部形成一个钝角。鳃孔宽大。鳃耙26～34枚，发达。鳃膜不连鳃峡。鳃膜骨条细弱。肛门紧位于臀鳍前方。体被圆鳞；侧线明显，低位，近体侧下缘；背鳍和臀鳍膜上均有细小鳞鞘。背鳍、臀鳍相对，均位于尾部。胸鳍较短，侧位而高。腹鳍较小，位于胸鳍基与尾鳍基中间。尾鳍深叉形。体背侧翠绿色，体侧下方及腹面银白色，额顶部及下颌针状部暗绿色；体侧自胸鳍基上方至尾鳍基有一条较窄的银白色纵带纹；背鳍前部鳍条、胸鳍基、腹鳍和尾鳍后缘均为暗绿色。下颌尖端呈鲜红色。

分布范围　印度-西太平洋，从泰国至巴布亚新几内亚，北至日本南部海域，南至澳大利亚北部海域。我国分布于东海和南海北部海域。

生态习性　暖水性近海鱼类，栖息于水体的中上层，也可进入河口及淡水水域。主要以浮游动物为食。有集群习性，受惊时会跃出水面。

条码序列 ■ ■ ■ ■ ·········

● 线粒体 DNA *CO I* 基因片段序列：CCTTTATTTAGTATTTTGGTGCTTGAGCCGGAATAGTAGGCACTGCCTTAAG
TCTCCTAATCCGGGCAGAACTAAGCCAACCAGGCTCTCTCCTAGGAGACGACCAAATTTATAATGTTATTGTTACAG
CACATGCCTTTGTAATAATTTTCTTTATAGTAATACCAATTATGATCGGTGGCTTCGGTAACTGACTTATTCCTCTA
ATGATTGGGGCCCCTGACATGGCATTCCCTCGAATAAATAATATGAGCTTTTGACTCCTCCCTCCCTCCTTCCTCCT
TCTACTAGCCTCCTCCGGAGTTGAAGCAGGAGCCGGAACTGGATGAACAGTCTATCCACCCCTTGCCGGCAACCTTG
CTCACGCAGGGGCATCCGTTGATCTAACAATTTTCTCCCTCCACCTAGCAGGTGTTTCCTCTATTCTTGGGGCTATCA
ACTTTATCACAACAATCATTAACATGAAACCCCCAGCAATTTCTCAATATCAAACTCCCCTGTTTGTTTGAGCAGTC
CTAATCACTGCTGTTCTTCTTCTCCTTTCTCTACCCGTTCTGGCTGCCGGAATTACTATACTTCTCACAGACCGAAAC
CTAAACACTACGTTCTTTGACCCTGCCGGGGGAGGAGACCCAATTCTTTACCAACACTTATTC

● 线粒体 DNA 12S rRNA 基因片段序列：CACCGCGGTTATACGAGAGGCCTAAGTTGATAGACACCGGCGTAAAG
AGTGGTTAGGGAACCATAAACTAAAGCCGAATATCCTCAAGGCTGTCATACGCTAACGAGGACAAGAAGCCCTTCT
ACGAAAGTGGCTTTAACTTTCCTGACCCCACGAAAGCTGAGGGA

分类地位

辐鳍鱼纲 Actinopterygii

刺鱼目 Gasterosteiformes

海龙鱼科 Syngnathidae

海龙鱼属 *Syngnathus*

薛 氏 海 龙 26

学名：*Syngnathus schlegeli* Kaup，1856

英文名：Seaweed pipefish

别名 / 俗名：舒氏海龙

形态特征　小型鱼类，最大体长可达300mm。体细长，鞭状。育儿囊位于尾部。躯干部七棱形，腹部中央棱稍凸出，尾部四棱形，尾部后方渐细。躯干中部侧棱平直，止于臀部骨环处附近。头长而尖。吻细长，呈管状，大于眼后头长，吻背无锯齿。眼较大，眼眶稍凸出；眼间隔窄，微凹。鼻孔每侧2个，很小，相距很近。口小，前位；上下颌短小，略可伸缩。无齿。鳃孔很小。鳃盖骨隆起，有嵴。肛门位于体中部前方腹面。体无鳞，被骨环包裹，骨片光滑，有丝状纹。背鳍较长，位于最末体环至第九尾环，有30～47枚鳍条。臀鳍短小。尾鳍小，后缘近圆弧形。体黄褐色。

分布范围　西北太平洋，从符拉迪沃斯托克（海参崴）向南至东京湾和中国台湾。我国见于东海。

生态习性　为暖水性底层鱼类，栖息于近岸内湾藻丛海区。常见于咸淡水，与大叶藻及其他植物一起出现。仔稚鱼附着在漂浮的海藻上。卵胎生。雄鱼在尾部下方的育儿袋里孵卵。

条码序列　■ ■ ■ ■ ....

● 线粒体 DNA *CO I* 基因片段序列：CCTATATCTAGTATTTGGTGCATGAGCCGGAATAGTGGGCACCGCACTCAGCCTTCTAATCCGGGCAGAACTTAGTCAACCAGGAGCCCTCTTAGGCGATGATCAAATTTATAATGTGATCGTTACGGCCCACGCTTTTGTTATAATTTTCTTCATGGTAATGCCCATCATGATTGGAGGTTTTGGCAACTGATTAGTGCCCCTAATAATTGGAGCCCCTGATATAGCATTTCCCCGAATAAATAACATAAGCTTCTGACTTCTACCCCCCTCCTTCCTTCTCCTCCTTGCCTCTTCAGGGGTAGAAGCAGGTGCAGGTACAGGATGAACTGTATACCCTCCTCTCTCAGGTAATTTGGCCCATCAAGGGGCTTCTGTTGATCTCACCATCTTCTCTTTACACCTGGCAGGTGTTTCCTCAATTTTAGGGGCTATTAACTTCATCACCACTATTATTAATATAAAACCCCCCTCAATCTCTCAATATCAAACACCCTTATTTGTCTGAGCAGTATTAATCACTGCCGTCTTACTTCTTCTATCCCTACCTGTTTTAGCAGCTGGCATTACTATGCTATTAACTGACCGAAATTTAAATACAACTTTTTTTGACCCTGCAGGGGGAGGAGACCCTATTTTATATCAACACCTT

● 线粒体 DNA 12S rRNA 基因片段序列：CACCGCGGTTATACGAGAGGCCCAAGCTGACAGAAACCGGCGTAAAGAGTGGTTAGGTGGTATTTAAACTAAAGCCAAACACTTTCCAAGCTGTTATACGCATCCGAGAGTATGAAAATCTCCTACGAAAGTGGCTTTAATATCCTGACTCCACGAAAGTTATGGAA

27 鳞烟管鱼

学名：*Fistularia petimba* Lacepède，1803
英文名：Red cornetfish
别名 / 俗名：巨齿烟管鱼、马鞭鱼

分类地位

辐鳍鱼纲 Actinopterygii

刺鱼目 Gasterosteiformes

烟管鱼科 Fistulariidae

烟管鱼属 *Fistularia*

形态特征 中小型鱼类，体长在2m以下。体颇延长，管状，前部稍平扁，后部近圆柱形。体宽大于体高。头长。吻特别延长，呈管状；吻背部有2条平行嵴，在吻端相接近。眼中大；眼间隔窄，微凹。鼻孔每侧2个，很小。口小，前位，口裂接近水平。下颌长于上颌。上下颌、犁骨、腭骨均有尖锐的绒毛状齿。鳃孔较大；鳃盖膜分离，不与峡部相连；无鳃耙。体侧有细微小棘；侧线完全，尾柄部侧线上有向后尖出的棱鳞。背鳍1个，位于体后部，始于肛门后上方；无棘，有14～15枚鳍条。臀鳍基底短，与背鳍几相对、同形。胸鳍基部宽，较短。腹鳍小。尾鳍叉形，中间鳍条延长成丝状。体为鲜红色，腹侧色稍浅，腹面银白色；尾鳍褐色，其余各鳍色浅。

分布范围 大西洋和印度-太平洋，自红海和非洲东部至夏威夷和土阿莫土群岛，北至日本南部和小笠原诸岛，南至澳大利亚维多利亚州。我国分布于黄海、东海和南海。

生态习性 沿岸和近海中上层鱼类，栖息于沙泥底质和礁区以及珊瑚礁海域，水深10～200m。平时成群或单独静止于水层中，靠身体尾部小幅度摆动前进。肉食性，以长吻吸食小鱼或虾类。

条码序列 ■ ■ ■ ■ ··

● **线粒体 DNA *CO I* 基因片段序列：** CCTTTATCTTGTATTTGGTGCTTGGGCCGGGATAGTAGGGACTGCCCTAAGCCTGCTCATTCGAGCTGAGCTTAGCCAGCCCGGGGCTCTCCTAGGCGACGACCAGATTTATAATGTAATTGTTACAGCACACGCATTTGTAATAATTTTCTTTATAGTAATGCCAATTATGATTGGGGGCTTTGGAAACTGATTAATTCCACTCATGATCGGTGCCCCTGATATAGCATTCCCTCGAATGAACAACATGAGCTTCTGACTGCTGCCTCCATCTTTCCTTCTTCTACTCGCCTCCTCAGGAGTTGAAGCTGGGGCTGGCACTGGGTGAACAGTTTACCCGCCACTGGCAGGCAATCTCGCCCACGCAGGAGCATCGGTCGACCTGACCATCTTTTCTCTTCACCTAGCAGGTATCTCATCAATTCTTGGTGCAATTAATTTTATTACTACCATCATCAACATGAAACCCCCTGCTATCTCCCAGTACCAAACTCCCCTGTTCGTTTGGGCCGTTCTTATCACGGCTGTTCTTCTTCTTTTATCCCTACCAGTTCTTGCTGCCGGAATTACAATACTCCTTACCGATCGTAACCTGAACACTACCTTCTTTGACCCAGCTGGGGGAGGGGACCCAATTCTTTACCAACACTTATTC

● **线粒体 DNA 12S rRNA 基因片段序列：** CACCGCGGTTATACGAGAGGCCCAAGTTGATAGCCTACGGCGTAAAGAGTGGTTAAGAATTCCAACCGATTAAAGCCGAATGCCCTCAAAGCTGTTATACGCTTCCGAAGGTAAGAAGAACTACCACGAAAGTGGCTTTATAATATCTGAACCCACGAAAGCTAGGGAA

无鳞烟管鱼 28

分类地位

辐鳍鱼纲 Actinopterygii

刺鱼目 Gasterosteiformes

烟管鱼科 Fistulariidae

烟管鱼属 *Fistularia*

学名：*Fistularia commersonii* Rüppell，1838

英文名：Bluespotted cornetfish

别名 / 俗名：棘烟管鱼

形态特征　中小型鱼类，常见体长1m左右，最大可达1.6m。体颇延长，管状，前部稍平扁，后部近圆柱形。体宽大于体高。头长。吻特别延长，呈管状；吻背部有2条平行嵴，在吻端相接近。眼中大；眼间隔窄，微凹。鼻孔每侧2个，很小。口小，前位，口裂接近水平。下颌长于上颌。上下颌、犁骨、腭骨均有尖锐的绒毛状齿。鳃孔较大；鳃盖膜分离，不与峡部相连；无鳃耙。皮肤光滑，体完全裸露；侧线完全，尾柄部侧线上无棱鳞。背鳍1个，位于体后部，始于肛门后上方；无棘，有14～17枚鳍条。臀鳍基底短，与背鳍几相对、同形。胸鳍基部宽，较短。腹鳍小。尾鳍叉形，中间鳍条延长成丝状。体背侧为绿色，至腹侧渐变为银白色；背部有两行蓝色的小点；背鳍和臀鳍橙色，至基部逐渐透明；尾丝白色。

分布范围　大西洋和印度-太平洋，自红海和非洲东部海域至复活节岛，北至日本南部海域，南至澳大利亚和新西兰海域。我国分布于黄海、东海和南海。

生态习性　暖水性外海中上层鱼类，栖息于礁区、珊瑚礁区、沙泥底质海域，水深通常超过10m。平时成群或单独活动。肉食性，以长吻吸食小鱼小虾和头足类。

条码序列 ■ ■ ■ ■ ··

● 线粒体 DNA *CO I* 基因片段序列：CCTTTATTTAATCTTCGGTGCCTGAGCCGGCATAGTCGGAACAGCCCTAAG
CCTCCTTATCCGAGCAGAGCTTAGCCAACCCGGTGCATTACTGGGAGATGACCAGATCTACAACGTAATCGTTACAG
CCCACGCCTTTGTAATAATCTTCTTTATAGTAATACCAATCATGATTGGAGGCTTCGGAAACTGACTAATTCCCCTT
ATGATCGGAGCTCCGGACATGGCCTTCCCCCGTATGAATAACATGAGCTTCTGGCTTCTTCCACCCTCCTTCTTGCTC
CTTCTAGCATCCTCGGGGGTTGAGGCCGGAGCCGGAACAGGGTGAACAGTCTACCCCCCTCTTGCAGGCAACCTCGC
CCACGCCGGGGCCTCGGTAGACCTAACCATCTTTTCCCTTCACCTTGCGGGGGTCTCGTCTATTTTAGGTGCAATCAA
CTTCATCACCACAATCATTAACATAAAACCCCCAGCTATCTCACAGTACCAAACACCTCTCTTTGTCTGAGCTGTTC
TCATCACTGCTGTACTTCTCCTGCTGTCACTTCCTGTTCTCGCTGCCGGCATTACCATGCTCTTAACAGATCGAAACC
TAAACACCACATTTTTCGACCCAGCAGGGGGAGGCGACCCCATCTTATACCAGCACCTGTTC

● 线粒体 DNA 12S rRNA 基因片段序列：CACCGCGGTTATACGAGAGGCCCAAGTTGATAGCCTACGGCGTAAAG
AGTGGTTAAGATGTCTAATTTATTAAAGCCGAATGCCCCCAAAG.CTGTTATACGCTTCCGGAGGTAAGAAGAACCA
CCACGAAAGTGGCTTTATGTGATCTGAACCCACGAAAGCTAGGAAA

29 东方豹鲂鮄

学名：*Dactyloptena orientalis*（Cuvier，1829）

英文名：Oriental flying gurnard

别名 / 俗名：飞角鱼

形态特征　中小型鱼类，体长近200mm。体延长，四棱形，稍平扁，向后渐狭小，尾柄较长。头宽短，近四方形，稍平扁。吻较长，圆钝。鼻孔2个。眼大，上侧位。眼间隔宽大，凹入。口中大，下端位，口裂低斜。上颌较下颌突出。鳃孔中大，侧位，第四鳃弓后有1个裂孔。鳃盖膜分离，与峡部相连。鳃盖条6个。假鳃发达。头、体无皮瓣。侧线不明显。背鳍几相连，第一鳍棘最长大，游离；第二鳍棘颇短，游离。臀鳍起点位于背鳍第二鳍条下方，鳍条后端不伸达尾鳍基底。胸鳍甚长大，伸达尾鳍前半部。腹鳍狭长，亚胸位。尾鳍后缘凹入。腹膜白色。体呈红色；背鳍有黄绿色斑点，第一及第二鳍棘后缘鳍膜深绿色；胸鳍黄绿色，有深绿色小圆斑，上缘和下缘浅红色；腹鳍无斑点；臀鳍后方有黑斑；尾鳍有黄绿色小圆斑。

分布范围　印度洋和太平洋，从红海、非洲东部海域至夏威夷、马克萨斯群岛和土阿莫土群岛，北至日本南部和小笠原诸岛，南至澳大利亚和新西兰。我国分布于东海南部和南海。

生态习性　暖水性底栖鱼类，无远距离洄游习性。可利用舌颌骨摩擦而发声。胸鳍前部鳍条短小突出，与腹鳍交替运动而在水底爬行；遇到危险时用翅状胸鳍快速摆动而逃离；也可利用胸鳍和腹鳍跃出水面滑翔。卵生。摄食虾类和其他无脊椎动物等。

条码序列　■ ■ ■ ■ ....

● 线粒体 DNA *CO I* 基因片段序列：ATAGACACCCTCTATATAGTATTCGGTGCTTGAGTCGGCATAGTAGGCACTGCTTTAAGCTTAGTTATCCGAGTTGAACTAAGCCAGCCCGGCGCCCTTTTAGGGGTCGACCAGATTTATAACGTAATTGTTACTGCCCATGCTTTTGTAATGATCTTGGTTATAGTAATGCCAATTATGATTGGAGTCTTCGGAAACAGACTAATTCCCCTAATGATGGGGGCCCCTGACATGGCCTTCCCTCGAATGAACAACATGAGCTTCTGGCTTCTACCCCCATCTTTTTTACTTCTGCTAGCCTCTTCTGGGGTCGAAGCAGGGGCAGGGACGGGGTGGACTGTGTACCCGCCCTTAGCCGGCAACCTGGCACACGCCGGGGCCTCTGTTGACCTCACTATTTTTTCCCTTCACCTAGCGGGTATCTCTTCCATTCTAGGAGCCATCAACTTTATTACAACCATCATCAACATGAAGCCCACCGCTATCTCTCAGTACCAAACTCCACTATTCGTATGGGCAGTACTAGTAACAGCCGTACTTCTGCTACTCTCGCTGCCAGTGCTTGCCGCTGGCATCACAATGCTTCTTACGGACCGAAACCTGAATACTACCTTCTTCGACCCAGCGGGAGGGGGGGACCCGATTCTCTACCAGCACCTG

● 线粒体 DNA 12S rRNA 基因片段序列：CACCGCGGTTATACGGAAGGCTCAAGTTGATAGCCCCCGGCGTAAAGTGTGGTCAAGGAAACCCTTTAAAACTAAAGTCAAACGCCCTCACTGCAGTCAAACGCCCCCGAGGGTTAGAAGCCCCACCACGAAAGTGACTTTACATAACCTGAACCCACGAGAGCTAGGGAA

环纹蓑鲉 30

分类地位

辐鳍鱼纲 Actinopterygii

鲉形目 Scorpaeniformes

鲉科 Scorpaenidae

蓑鲉属 *Pterois*

学名：*Pterois lunulata* Temminck & Schlegel，1843

英文名：Luna lionfish

别名 / 俗名：龙须蓑鲉

形态特征　中小型鱼类，体长可达300mm。体侧扁，长椭圆形。头中等大小，侧扁。吻较狭长，吻端有1对小须。眼较小，上侧位，眼球高达头背缘，眼间隔深凹。鼻孔2个。口端位，斜裂，上下颌约等长。鳃孔宽大。鳃盖膜左右分离，不与峡部相连。鳃盖条7个。假鳃发达。体被细小圆鳞。侧线上侧位，侧线鳞65～70枚；横列鳞6～8枚。背鳍高大，有13枚尖而长的鳍棘。胸鳍长而大，伸达或伸越尾柄。腹鳍胸位。臀鳍起点位于背鳍第一鳍条下方，有3枚鳍棘。尾鳍尖而长，椭圆形。体呈红色，有条纹和斑纹；眼上缘至口侧有1条斜纹，吻上有数条纵纹，顶枕部与头侧有10～11条横纹，眼间隔有3条纵纹，体侧有20～22条宽狭相间的横纹；头部腹面、胸部无斑纹；背鳍鳍棘部、胸鳍和腹鳍有黑斑，背鳍鳍条部、臀鳍和尾鳍无明显斑点；胸鳍基底上方有一个黑斑。

分布范围　印度-西太平洋，自毛里求斯至澳大利亚，北至日本南部。我国分布于东海南部和南海。

生态习性　暖水性浅海底层鱼类，栖息于近海岩礁、珊瑚礁或海藻茂盛的水域。行动缓慢，活动范围小。以甲壳动物等为食。卵生。背鳍鳍棘高大，具毒腺，毒性猛烈。体色艳丽，能舒展各鳍翔游。

条码序列 ■ ■ ■ ■ ⋯⋯⋯⋯⋯⋯⋯⋯⋯⋯⋯⋯⋯⋯⋯⋯⋯⋯⋯⋯⋯⋯⋯⋯⋯⋯⋯⋯⋯⋯⋯⋯⋯⋯⋯⋯

● 线粒体 DNA *CO I* 基因片段序列：CCTGTATCTACCAGGTGGTGCCGGAGAAGACAAAATAGGCACAGCCTTGAG
CCTGCTTATTCGAGCAGAACTTAGCCAACCGGGCGCTCTATTGGGAGACGACCAAATCTACAATGTAATTGTTACAG
CTCATGCTTTCGTAATAATTTTCTTTATAGTAATGCCAATCATAATTGGGGGTTTTGGAAACTGGCTTATCCCGCTGA
TGATTGGGGCACCAGACATAGCATTTCCTCGTATAAATAACATGAGTTTCTGGCTTCTCCCCCCTTCCTTCCTCCTTC
TCCTGGCCTCTTCAGGAGTTGAGGCAGGGGCTGGAACAGGATGAACTGTTTACCCTCCCTTAGCGGGCAATCTTGCC
CATGCCGGGGCATCTGTAGACCTAACAATTTTCTCCTTGCACTTAGCAGGCATTTCATCAATCCTGGGGGCAATCAA
TTTTATTACAACAATTATTAATATAAAACCCCCAGCTATTTCCCAGTACCAAACTCCACTGTTTGTATGAGCTGTCT
TAATTACGGCAGTTCTTTTACTTCTTTCGCTCCCAGTCCTTGCCGCCGGTATTACAATACTGCTTACTGATCGAAATC
TCAACACCACCTTCTTTGACCCAGCGGGGGGAGGAGACCCAATTCTTTACCAACACCTCTTC

● 线粒体 DNA 12S rRNA 基因片段序列：CACCGCGGCTATACGAGAGGCCCAAGTTGTTATATTCCGGCGTAAAG
AGTGGTTATGGAAAATTAAAATTAAAGCCGCACACCTTCAAAGCTGTTATACGCACCCGAAGTCTAGAAGCCCAATT
ACAAAAGTAGCTTTATCCTCCCAGACCCCACGAAAGCTCTGGCA

31 褐菖鲉

学名：*Sebastiscus marmoratus*（Cuvier，1829）
英文名：False kelpfish
别名 / 俗名：虎头鱼、石狗公

分类地位

辐鳍鱼纲 Actinopterygii

鲉形目 Scorpaeniformes

鲉科 Scorpaenidae

菖鲉属 *Sebastiscus*

形态特征　中小型鱼类，体长150～300mm。体延长，侧扁。头部棘和棱明显，有鼻棘、眶前棘、眶上棘、眶后棘、蝶耳棘、额棘、顶棘和颈棘。吻圆凸。眼较大，上侧位；眼间隔窄，凹入。眶下骨架呈T形，末端伸达前鳃盖骨隆起，眶下棱低平，无棘。鼻孔2个，前鼻孔有皮瓣突起。口端位。前鳃盖骨后缘有5枚棘，鳃盖骨后上方有2枚棘。体被栉鳞，胸部为小圆鳞；背鳍、尾鳍和臀鳍基部均有细鳞。侧线完全，伸达尾柄中央。背鳍连续，有12枚鳍棘、11～13枚鳍条。胸鳍常有18枚软鳍条。尾鳍后缘截形或微圆凸。体呈红褐色，从偏红色到偏黑色，有很大差异。体侧有白色斑纹，侧线上方的白色斑纹不明显，即使有也非特定形状。侧线上方有数条较明显的褐色横纹。

分布范围　西北太平洋，自日本、朝鲜半岛至菲律宾。我国沿海均有分布。

生态习性　暖温性近海底层鱼类。常栖息于沿岸的岩礁区和海藻丛中，水深2～40m。以小鱼、甲壳类、泥螺和藻类等为食。活动范围不大，一般不集大群，无远距离洄游习性。卵胎生，成熟的雄鱼有交接器。棘刺有毒。

条码序列　■■■■ ··

● 线粒体DNA *CO I* 基因片段序列：CCTTTATCTAGTATTTGGTGCCTGAGCCGGTATAGTGGGCACTGCCCTCAGCCTACTCATTCGAGCAGAATTAAGCCAGCCGGGCGCTCTCCTTGGAGACGACCAAATTTACAATGTAATCGTTACAGCACATGCTTTCGTAATGATTTTCTTTATAGTAATGCCAATTATGATTGGAGGTTTTGGAAACTGATTAATTCCCCTAATGATCGGAGCCCCAGATATAGCATTTCCTCGTATAAATAATATAAGTTTTTGACTTCTTCCCCCTTCTTTCCTTCTTCTGCTTGCCTCTTCCGGTGTAGAAGCGGGGGCCGGAACCGGATGAACAGTATATCCGCCCCTGGCTGGTAACTTAGCCCACGCAGGAGCCTCCGTAGACCTGACAATTTTCTCACTTCACCTGGCAGGTATTTCCTCAATCCTCGGGGCTATTAATTTTATTACCACAATTATTAACATAAAACCCCCAGCCATCTCTCAATACCAGACTCCCTTGTTTGTGTGAGCTGTTCTAATTACCGCTGTCCTTCTCCTTCTCTCCCTACCAGTTCTTGCTGCTGGCATCACAATGCTTCTAACAGACCGAAATCTGAATACTACATTCTTTGACCCAGCCGGAGGAGGAGACCCAATTCTTTATCAACATCTATTCTGATTCTTTGGCCACC

● 线粒体DNA 12S rRNA 基因片段序列：CACCGCGGCTATACGAGAGGCCCAAGTTGATACCATTCGGCGTAAAGAGTGGTTATGGAAAATAAAACTAAGGCCGCACGCCTTCAAAGCTGTTATACGCATCGAAGGTTAGAAGATCAATCACGAAGGTAGCTTTACAACCCCTGACCCCACGAAAGCTCTGGCA

分类地位

辐鳍鱼纲 Actinopterygii

鲉形目 Scorpaeniformes

绒皮鲉科 Aploactinidae

虻鲉属 *Erisphex*

虻　鲉　32

学名：*Erisphex pottii*（Steindachner，1896）

英文名：Spotted velvetfish

别名 / 俗名：蜂鲉

形态特征　小型鱼类，体长一般在100mm左右。体延长，侧扁。头部无皮瓣，鼻棘小而钝；额棱低平。眶上棱与额棱间凹入。眶前棘、眶上棘、眶后棘钝尖；顶头棱粗短；蝶耳棘、翼耳棘、后颞颥棘粗钝。眶前骨下缘具2枚棘。眶下棱低平。鼻孔小，2个。眼上侧位。口裂几垂直，下颌弧形上突；下颌腹面具黏液孔3对。前鳃盖骨边缘有4枚尖棘；鳃盖骨具2枚小棘。鳃盖条7枚。鳃耙短小。鳞退化，体被绒毛状细刺。侧线高位，有11～15个黏液小孔。背鳍有12枚鳍棘、11枚鳍条；腹鳍喉位；臀鳍有1枚鳍棘、11～13枚鳍条；尾鳍圆形。体呈暗褐色，腹部浅色，背侧面有时具不规则黑色斑块或小点；背鳍鳍条部、尾鳍、臀鳍、胸鳍黑色，但幼鱼尾鳍白色。

分布范围　西太平洋，从朝鲜半岛和日本海域至中国南海。我国沿海均有分布。

生态习性　暖水性近海鱼类，栖息于水深50～264m的泥沙底质海域，以虾、蟹等小型甲壳动物为食。棘刺有毒。

条码序列 ■ ■ ■ ■ ··

● 线粒体 DNA *CO I* 基因片段序列：GTATTTGGTGCCTGAGCCGGTATAGTCGGCACAGCCCTAAGCCTATTAATT
CGAGCCGAGCTCTCCCAGCCGGGGAGTCTTTTAGGCGACGACCAAATTTATAACGTCATTGTCACTGCACATGCTTT
TGTAATAATTTTTTTTATGGTAATACCGATTATAATCGGGGGTTTCGGAAACTGATTAATTCCTTTAATAATTGGTGC
CCCCGATATAGCGTTCCCGCGGATAAATAACATGAGCTTTTGACTCCTCCCCCCGTCATTTCTTCTCCTTCTTGCATC
TTCGGGGGTTGAGGCCGGGGCTGGGACCGGGTGGACAGTTTATCCCCCTTTAGCAGGCAATCTAGCTCATGCTGGAGC
ATCCGTAGATTTAACTATTTTTTCACTTCATTTAGCAGGCATTTCCTCAATTTTAGGGGCAATTAACTTCATCACAA
CTATTATTAATATAAAACCGCCCGCTATCTCACAGTACCAAACACCTCTTTTCGTTTGAGCTGTGCTAGTTACAGCA
GTCCTCCTTCTATTATCTCTCCCCGTACTTGCAGCTGGCATCACTATACTTTTAACAGACCGAAATTTAAATACCAC
GTTTTTTGACCCCGCAGGAGGAGGGGACCCT

● 线粒体 DNA 12S rRNA 基因片段序列：CACCGCGGTTAGACGAGAGGCCCAAATTGATAAATACCGGCATAAA
GCGTGGTTAAGAAATAAACAAACTAAGACTAAATACTGTTAGTGCTGTTATACGTATACAAAAACTAGAAGCCCAA
TTACGAAAGTGGTCTTACTTACTTTGAACCCACGAAAGCTACGGCA

33 小眼绿鳍鱼

分类地位

辐鳍鱼纲 Actinopterygii

鲉形目 Scorpaeniformes

鲂鲱科 Triglidae

绿鳍鱼属 Chelidonichthys

学名：*Chelidonichthys kumu*（Cuvier，1829）

英文名：Spiny red gurnard

别名/俗名：绿鳍鱼、棘绿鳍鱼、小红鱼、绿翅鱼、角鱼

形态特征　中小型海洋鱼类，常见体长150～250mm，大的可达400mm。体延长，近似圆筒形，前部粗大，向后渐细。头中等大，背面与侧面均被骨板，颊部有显著的隆起线。吻突浅弧形，附有几个小钝棘，较上颌前端稍突出。眼上侧位，前上角有2枚短而尖锐的棘，眼间隔宽而稍凹。鼻孔2个，前鼻孔具鼻瓣，后鼻孔裂缝状。口端位，上颌中央有1个凹缺。前鳃盖骨下角有2枚棘；鳃盖骨有2枚棘，项棘平扁三角形，肩胛棘大而尖锐。鳃盖条7枚。体被细小圆鳞，腹部前半部和胸鳍基底周围无鳞。背鳍2个，有9枚鳍棘、16枚鳍条，第一背鳍第一棘前缘有弱锯齿；背鳍基底有骨质盾板。胸鳍长而宽大，圆形，下方的3枚鳍条完全游离；胸鳍后端不伸达第二背鳍中央下方。尾鳍后缘浅凹。体背侧呈红褐色，具蠕虫状斑纹；腹面白色。胸鳍边缘蓝灰色，内侧墨绿色，有绿色斑点；其余各鳍红褐色。

分布范围　印度-西太平洋，从非洲东南部海域至日本，南至澳大利亚和新西兰。我国沿海均有分布。

生态习性　暖温性鱼类，栖息于近海沙泥底质海区，水深一般为30～40m。头部有骨板保护；胸鳍上部呈翅状，可展开在水中翔游；胸鳍下部鳍条游离呈指状，用以匍匐水底掘沙觅食。以虾类、软体动物和小型鱼类等为食。卵生，产浮性卵，春夏之交产卵，秋末冬初游向外海越冬。

条码序列 ■ ■ ■ ■ ....

● 线粒体DNA *CO I* 基因片段序列：CCTTTATCTAGTATTTGGTGCCTGAGCTGGCATAGTAGGCACAGCCCTAAG
CCTTCTCATCCGAGCAGAGCTAAGCCAGCCCGGAGCCCTTTTAGGGGACGACCAAATCTATAACGTCATTGTTACAG
CTCATGCCTTCGTAATGATTTTCTTTATAGTAATGCCAATCATGATCGGAGGCTTCGGAAACTGACTTATCCCCCTA
ATGATCGGTGCCCCTGATATGGCTTTTCCTCGAATAAACAACATAAGTTTTTGACTTCTGCCCCCCTCCTTCCTACTC
CTTCTTGCCTCCTCTGGAGTTGAAGCCGGTGCCGGAACAGGGTGAACTGTCTACCCTCCCTTGGCCGGCAACTTAGCC
CATGCTGGGGCCTCTGTAGACCTGACTATCTTCTCTCTTCATCTGGCCGGGATCTCCTCAATCCTTGGTGCAATTAAT
TTCATCACAACCATTATTAATATGAAACCTCCCGCAATCTCCCAATACCAGACCCCGCTGTTCGTGTGGTCCGTCCT
GATTACCGCCGTCCTCCTTCTACTGTCCCTGCCAGTCCTTGCCGCGGGCATCACAATGCTTCTAACTGACCGCAACC
TAAACACCACATTCTTCGACCCTGCCGGAGGAGGAGACCCCATTCTCTATCAACACCTT

● 线粒体DNA 12S rRNA 基因片段序列：CACCGCGGTTATACGAGAGGCCCAAGTTGACAGTCACCGGCGTAAAG
AGTGGTTAAAGAATGATTAAAACTAAAGCCGAACACCTTCAAGGCAGTTATACGCACCCGAAGGTTAGAAGCCCAA
CTACGAAAGTGGCTTTATCTTTCCTGAACCCACGAGAGCTACGGCA

斑头鱼 34

学名：*Hexagrammos agrammus*（Temminck & Schlegel，1843）
英文名：Spotty-bellied greenling
别名 / 俗名：斑头六线鱼

分类地位

辐鳍鱼纲 Actinopterygii

鲉形目 Scorpaeniformes

六线鱼科 Hexagrammidae

六线鱼属 *Hexagrammos*

形态特征 中小型鱼类，一般体长约200mm，最大可达300mm。体延长，侧扁，体高稍矮。头较小，略尖长；项部两侧各有一个细小的羽状皮瓣。吻尖长。眼小，上侧位。眼后上方有一个较大的羽状皮瓣。口小，亚端位，上颌稍突出；唇厚。颌齿细尖，犁骨具绒毛状齿群，腭骨无齿。鳃孔宽大，左右鳃膜相连，与峡部分离。体被小栉鳞。侧线1条，上侧位，几乎斜直，伸达尾鳍基。背鳍连续，基底长，有18枚鳍棘、21枚鳍条，其间有缺刻。胸鳍宽，几乎伸达肛门。尾鳍后缘截形。体紫褐色，胸鳍上方具一深褐色圆斑，背侧有不规则方斑。各鳍具斑点、斑纹。背鳍有一黑斑。但体色与斑纹随环境有变化。

分布范围 西北太平洋，从俄罗斯滨海边疆区近海至朝鲜半岛、日本和中国东部海域。我国分布于渤海、黄海和东海。

生态习性 冷温性底层鱼类，栖息于近海礁石附近以及海藻场海域。游泳较活泼。主要为肉食性。卵生，产卵期在8～9月。

条码序列 ■ ■ ■ ■ ....

● 线粒体 DNA *CO I* 基因片段序列：AAAGACATTGGCACCCTTTATCTAGTATTTGGTGCCTGAGCCGGAATAGTG
GGCACAGCTCTGAGCCTCCTAATTCGAGCCGAGCTAAGCCAACCCGGAGCCCTCTTGGGGGATGACCAGATTTATAA
TGTAATTGTTACAGCACATGCTTTCGTAATAATTTTCTTTATAGTAATGCCAATCATAATCGGGGGGTTTCGGAAACT
GACTCATCCCCCTAATGATCGGAGCCCCAGATATGGCATTTCCCCGAATGAATAATATGAGTTTTTGACTCCTACCC
CCCTCTTTCCTCCTTCTCCTTGCCTCTTCTGGGGTAGAAGCTGGGGCCGGGACCGGGTGAACCGTTTACCCCCCTCTG
TCTGGTAATCTGGCACACGCCGGAGCCTCTGTTGACTTAACAATCTTCTCCCTTCATCTTGCAGGGATTTCATCTATT
CTAGGTGCAATCAATTTTATCACGACCATTATTAATATGAAACCCCCCGCCATTTCTCAGTACCAGACCCCCTTGTT
TGTGTGATCTGTACTAATCACAGCTGTCCTTCTGCTCCTCTCACTACCAGTCCTCGCTGCGGGCATTACTATGCTTTT
AACAGACCGAAATCTTAACACCACATTCTTCGACCCGGCTGGTGGTGGTGACCCCATTCTTTACCAACACCTCTTCT
GA

● 线粒体 DNA 12S rRNA 基因片段序列：CACCGCGGTTATACGAGAGGCCCAAGTTGATAGACACCGGCGTAAAG
AGTGGTTAAGTTAAAAACCTCACACTAAAGCCAAACATCTTCAAGACTGTTATACGCAACCGAAGACAGGAAGTTCA
ACCACGAAAGTGGCTTTATTTGATCTGAACCCACGAAAGCTACGGAA

35 细条银口天竺鲷

分类地位

辐鳍鱼纲 Actinopterygii

鲈形目 Perciformes

天竺鲷科 Apogonidae

银口天竺鲷属 *Jaydia*

学名：*Jaydia lineata*（Temminck & Schlegel，1842）

英文名：Indian perch

别名/俗名：细条天竺鲷、细条天竺鱼、九道痕、海蜇眼睛

形态特征　小型鱼类，体长一般不足90mm。体长椭圆形，侧扁，背腹面皆钝圆。吻短。眼大，侧上位，眼上缘达头背缘。上下颌等长，并有1行细小的绒毛状齿。前鳃盖骨边缘有弱锯齿，鳃盖骨无棘。体被薄栉鳞，易脱落。背鳍2个，分离，第一背鳍鳍棘较细，以第四鳍棘最长。臀鳍与第二背鳍同形。尾鳍圆形。体浅灰色，体侧有9～11条极狭细的暗色横带，带宽通常小于带间距；颊部的斜纹不明显。第一背鳍的前端暗色，第二背鳍无大黑斑。

分布范围　西北太平洋，从日本的北海道至中国南海。我国分布于黄海、东海及南海北部。

生态习性　底栖性小型鱼类，广泛栖息于内湾水深46～100m由岸边至深海区的沙泥底质海域，为其他鱼类的主要饵料。雄鱼会在口内孵卵，卵块呈面团状。夜行性鱼类，主要以多毛类和其他底栖无脊椎动物为食。

条码序列 ■ ■ ■ ■ ⋯⋯⋯⋯⋯⋯⋯⋯⋯⋯⋯⋯⋯⋯⋯⋯⋯⋯⋯⋯⋯⋯⋯⋯⋯⋯⋯⋯⋯⋯⋯⋯⋯⋯

● 线粒体 DNA *CO I* 基因片段序列：TTAGCTTACTCATCCGGGCTGAACTAAGCCAACCCGGGGGCCCTTCTTGGCGACGACCAAATTTATAACGTTATCGTTACGGCGCATGCATTTGTAATAATCTTCTTTATAGTAATACCAATCATGATTGGAGGCTTCGGAAACTGACTTATCCCCCTAATGATTGGGGCCCCTGATATAGCATTTCCTCGAATGAATAACATAAGCTTCTGACTCCTTCCCCCCTCTTTCCTACTGCTACTTGCCTCGTCGGGCGTTGAAGCCGGGGCAGGAACAGGATGAACGGTTTACCCACCTCTTGCAGGCAACCTTGCCCACGCAGGGGCCTCTGTAGATTTAACAATTTTTTCTCTACATCTTGCAGGAATTTCCTCAATTCTAGGGGCTATTAACTTCATTACAACAATTGTTAATATAAAACCTCCCGCTATTACTCAGTACCAAACTCCCTATTTGTTTGAGCTGTCCTAATCACTGCCGTCCTTCTTCTCCTCTCTCTTCCTGTTCTAGCCGCAGGCATTACAATGCTACTCACTGATCGGAACTTAAATACAACCTTCTTTGACCCGGCAGGAGGAGGTGACCCAATTCTTTACCAACACCTATTCTGATTC

● 线粒体 DNA 12S rRNA 基因片段序列：CACCGCGGTTATACGAGAGACCCAAGCTGACAGTCGCCGGCGTAAAGAGTGGTTAATTCACCCTAAAAAACTAAAGCCGAACATTTCCAAAGCTGTAAAACGCACTCGAAGACATGAAGACCAACCACGAAAGTAGCTTTACATCACTTGAATCCACGAAAGCTAGGAAA

分类地位

辐鳍鱼纲 Actinopterygii

鲈形目 Perciformes

鲯鳅科 Coryphaenidae

鲯鳅属 *Coryphaena*

鲯　鳅 *36*

学名：*Coryphaena hippurus* Linnaeus，1758

英文名：Common dolphinfish

别名 / 俗名：鬼头刀

形态特征　大型鱼类，最大体长可达2.1m。体延长，侧扁。体背缘和腹缘呈直线状，体高最高处在腹鳍附近，向后变细。尾柄短。头大，背部很窄，成鱼的额部有一很高的骨质隆起。吻长。眼中等大小，侧中位。眼间隔宽，隆起。口裂大，稍倾斜，口角达瞳孔中部下方，下颌稍长于上颌。上下颌、犁骨及腭骨均有尖齿。体被细小圆鳞，不易脱落。头上仅颊部被鳞，其余部分裸露。侧线在胸鳍上方不规则弯曲，向后直达尾鳍基。背鳍1个，长而大，无鳍棘，鳍条55～67枚。尾鳍深叉形。体背部蓝褐色，腹侧黄褐色，体侧与体背布满小黑点。

分布范围　大西洋、印度洋、太平洋的热带和亚热带海域。我国各海域均有分布。

生态习性　暖温性中上层鱼类，为大洋性洄游鱼类，成群游于开放水域表层，偶见于沿岸海域。喜欢阴影，聚集在漂浮物或漂流的海藻下面，具有趋向声源的习性。肉食性，贪食，主食沙丁鱼、飞鱼等。

条码序列　■ ■ ■ ■ ……………………………………………………………

● 线粒体 DNA *CO I* 基因片段序列：CCTTTATTTAGTATTTGGTGCCTGAGCAGGAATAGTAGGAACTGCACTAAGCCTTTTAATCCGAGCAGAACTCAGCCAACCAGGAGCACTACTAGGAGATGACCAAATCTACAATGTTATTGTTACCGCTCACGCATTCGTAATAATTTTCTTTATAGTAATGCCCATCCTCATCGGCGGTTTCGGGAACTGACTAGTGCCACTTATACTTGGGGCGCCTGACATGGCATTCCCACGAATAAATAATATAAGTTTCTGACTCCTACCCCCCTCATTTCTTCTTTTACTTGCTTCGTCTGGAGTTGAGGCAGGGGCAGGAACTGGATGAACAGTATACCCACCCTTAGCTGGAAACTTAGCCCATGCAGGAGCATCAGTAGACCTCACCATCTTCTCACTGCATTTAGCAGGAATCTCTTCTATTTTAGGAGCCATTAATTTTATCACCACAATTATCAATATAAAACCACCCGCAATCTCACAATACCAGACACCCCTATTCGTCTGAGCCGTGTTGATCACAGCAGTACTCTTACTCCTGTCGTTACCAGTATTAGCCGCCGGAATTACAATACTCCTCACAGATCGAAACCTAAATACCACTTTCTTCGATCCAGCAGGAGGAGGAGACCCAATTTTATATCAACACCTATTC

● 线粒体 DNA 12S rRNA 基因片段序列：CACCGCGGTTAGACGAATGACCCAAGTTGACAGAATACGGCGTAAAGGGTGGTTAGGGAATATTAATACTAAAGCCGAACACCTTCCAAGCTGTTATACGCTTATGAAGAACTGAAGCACAACTACGAAAGTGGCTTTAAAACACCTGAACCCACGAAAGCTAAGAAA

37 鲫

学名：*Echeneis naucrates* Linnaeus，1758
英文名：Live sharksucker
别名 / 俗名：长印鱼、吸盘鱼、粘船鱼

分类地位

辐鳍鱼纲 Actinopterygii

鲈形目 Perciformes

鲫科 Echeneidae

鲫属 *Echeneis*

形态特征 大中型鱼类，常见体长660mm，最大可达1.1m。体细长，前端稍扁平，向后渐呈圆柱状。头稍短小，平扁，头的两侧至腹面微圆凸，在头及体前部的背面有长椭圆形吸盘。吻很扁，前端略尖，背面大部被吸盘占据。眼小，侧中位。口大，上前位，呈深弧状，下颌长于上颌，前端具三角皮质膜状突起。舌窄薄，圆形，其间有绒毛状齿群。体被很微小的圆鳞。背鳍2个，分离，相隔较远，第一背鳍变态为吸盘，其上有18～28对软骨横板；第二背鳍很长，始于肛门后上方附近。胸鳍尖形。臀鳍有29～41枚鳍条。椎骨30枚。体灰黑色，沿眼的上下缘各有一灰白色纵纹贯穿头体部，两纹之间为黑色纵带状。

分布范围 全世界环热带海域。我国沿海均有分布。

生态习性 暖温性上层鱼类，栖息于近岸浅水区至近海，水深0～85m。通常单独活动，也常吸附在船舶以及大鱼或海龟等宿主的体表进行远距离移动，以宿主的食物残渣或体外寄生虫为食；也能自由游动，捕食浅海的无脊椎动物。

条码序列 ■ ■ ■ ■

● 线粒体 DNA *CO I* 基因片段序列：CCTTTATTTAGTATTCGGGGCCTGAGCCGGAATAGTAGGAACCGCACTAAG
CTTACTCATTCGGGCAGAACTTAGTCAACCAGGCTCATTATTAGGTGATGATCAGATTTATAATGTTATCGTCACAG
CACATGCCTTTGTAATAATTTTCTTTATAGTTATACCAGTAATAATTGGAGGTTTTGGTAATTGATTAGTACCTCTTA
TAATTGGTGCACCAGACATAGCCTTCCCTCGAATAAATAATATAAGCTTCTGACTACTGCCTCCTTCCTTCCTCCTA
CTGCTAACATCTTCAGGAGTAGAAGCAGGGGCAGGAACTGGTTGAACTGTTTATCCTCCTTTAGCCGGAAACCTTGC
TCATGCAGGAGCATCTGTTGACCTAACTATCTTTTCACTTCATCTGGCAGGAATTTCCTCAATTCTTGGAGCAATTAA
TTTTATTACAACAATCATTAATATAAAACCTGCAGCTGCTTCTATATATCAACTCCCATTATTTGTATGAGCCGTAT
TAATTACAGCAGTTCTTCTTCTCCTATCCCTCCCTGTTCTAGCTGCTGGGATTACAATACTACTAACAGACCGTAATC
TTAATACCGCCTTCTTTGATCCTGCAGGAGGGGGAGATCCCATCCTTTATCAACACTTATTC

● 线粒体 DNA 12S rRNA 基因片段序列：CACCGCGGTTATACGAGAGGCCCGAGTTGACAGATAACGGCGTAAAG
CGTGGTTAAGGGTGTCCTAAACTAAAGCCGAATATCTCCAGGACTGTTATACGTTTCCGGAGAAACGAAGATCAACT
ACGAAAGTGGCTTTATAAAACCTGAATCCACGAAAGCTAAGAAA

分类地位

辐鳍鱼纲 Actinopterygii

鲈形目 Perciformes

鲹科 Carangidae

丝鲹属 Alectis

短吻丝鲹

学名：*Alectis ciliaris*（Bloch，1787）

英文名：African pompano

别名 / 俗名：丝鲹

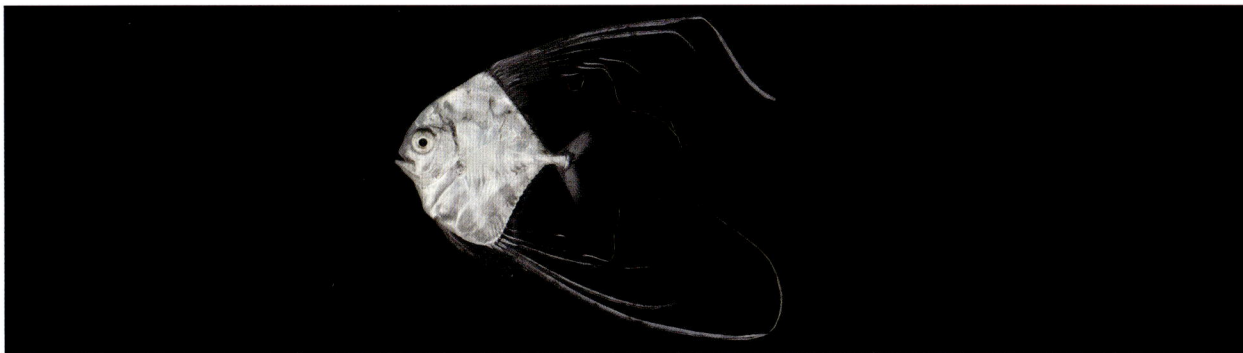

形态特征 大中型鱼类，常见体长1m左右，最大可达1.5m、体重22.9 kg。体呈菱形，甚侧扁而高。头高大于头长，枕骨嵴明显。吻短。脂眼睑不发达。鼻孔每侧2个。口中等大小，前位，斜裂，下颌稍突出。上颌骨后端伸达眼中部下方。上下颌、犁骨、腭骨和舌面均有齿带。鳃盖条7枚。鳃耙4～5 + 14～16枚。有假鳃。鳞退化；侧线在胸鳍上方有一个弧形弯曲；直线部的后半部有细弱的棱鳞。第一背鳍鳍棘短小，至成鱼逐渐退化；第二背鳍基底长，幼鱼期第一至第七鳍条延长呈丝状，至成鱼时逐渐变短。臀鳍与第二背鳍同形，但仅有第一至第五鳍条延长呈细丝状。胸鳍镰刀形。腹鳍胸位，幼鱼的第一至第三鳍条延长呈丝状，成鱼的腹鳍鳍条正常。尾鳍分叉。幼鱼体具金黄色光泽，体侧有4～5条弧形暗色横带；第二背鳍和臀鳍的延长鳍条基部各有一个大黑斑，腹鳍和延长鳍条均为深黑色。成鱼体呈银白色，无明显斑纹。

分布范围 世界各温暖海域。我国分布于黄海、东海和南海。

生态习性 暖温性中上层鱼类，成鱼主要巡游于近海和大洋中，有时也会进入浅海礁区至水深60m处。幼鱼游泳能力差，漂浮生活，有时会随着潮水漂至岸边或港湾内。主要以栖居泥底或游泳速度较慢的甲壳类为食，偶尔捕食小型鱼类。

条码序列 ■■■■ ....

● **线粒体 DNA *CO I* 基因片段序列：** CCTCTATCTAGTATTTGGTGCTTGAGCCGGAATAGTGGGTACAGCTTTAAGCCTACTTATCCGAGCAGAACTAAGCCAACCTGGCGCTCTTCTAGGAGACGACCAAATTTATAACGTTATTGTTACGGCCCACGCCTTTGTAATAATTTTCTTTATAGTAATACCAATTATGATTGGAGGCTTTGGAAACTGACTTATCCCATTAATAATTGGAGCCCCTGATATGGCATTCCCCCGAATAAATAACATGAGTTTCTGACTTCTCCCTCCCTCCTTCCTTCTACTTTTAGCCTCTTCAGGGGTTGAAGCTGGGGCTGGGACTGGTTGAACAGTCTACCCTCCACTAGCTGGAAACCTTGCTCACGCCGGGGCATCGGTTGATTTAACCATCTTTTCTCTTCATTTAGCAGGAGTTTCATCAATTTTAGGAGCTATTAATTTTATCACCACTATTATTAACATGAAACCTCCTGCAGTTTCAATATATCAAATCCCACTATTTGTTTGAGCTGTTCTGATTACAGCCGTCCTTCTCCTTCTATCCCTTCCAGTCCTAGCTGCCGGCATTACAATGCTTCTAACAGATCGAAACCTAAATACTGCCTTCTTTGACCCAGCAGGAGGTGGGGACCCCATCCTTTATCAACACTTATTT

● **线粒体 DNA 12S rRNA 基因片段序列：** CACCGCGGTTATACGAGGGGCTCGAGTTGACAGACAACGGCGTAAAGAGTGGTTAAGGAAAATATTCAACTAAAGCGGAACGCCCTCACAGCTGTTATACGTTTCCGAGGGTATGAACCCCAACTACGAAAGTGGCTTTACACTACCTGAACCCACGAAAGCTAAGAAA

39

海兰德若鲹

分类地位

辐鳍鱼纲 Actinopterygii

鲈形目 Perciformes

鲹科 Carangidae

若鲹属 *Carangoides*

学名：*Carangoides hedlandensis*（Whitley，1934）

英文名：Bumpnose trevally

别名/俗名：海兰德沟鲹、少耙若鲹、铅灰裸胸鲹

形态特征　中小型鱼类，最大叉长350mm。体呈卵圆形，头部背缘轮廓随着生长逐渐凸出，至成鱼呈肿块凸起。吻钝，下颌略突出于上颌。第一鳃弓鳃耙14～17枚。体被小圆鳞，胸鳍基部下方有裸露区，其后缘延伸至肛门之前。侧线前部弯曲，后部呈直线状；侧线前部为普通鳞，直线部的后2/3为棱鳞。雄鱼的背鳍和臀鳍中央的几枚鳍条呈丝状延长，雌鱼和幼鱼仅背鳍和臀鳍最前部鳍条呈丝状延长。背鳍有9枚鳍棘、20～22枚鳍条；臀鳍有3枚鳍棘、16～18枚鳍条。体背侧蓝绿色，腹侧银灰色；鳃盖后缘上方有一个黑色斑块；尾鳍淡黄色。幼鱼体侧有不明显的横斑，随成长而消失；腹鳍黑色，随成长而渐呈淡色。

分布范围　印度-西太平洋，从南非、塞舌尔群岛向东至萨摩亚群岛，北至日本，南至澳大利亚的阿拉弗拉海。我国分布于东海和南海北部。

生态习性　暖水性海洋底层鱼类。栖息于沿岸礁石区和近海40m以浅的海域。肉食性，以小鱼及无脊椎动物为食。

条码序列 ■ ■ ■ ■ ···

● **线粒体 DNA *CO I* 基因片段序列**：CACCCTCTATCTAGTATTTGGTGCTTGAGCCGGTATAGTGGGCACAGCTTTAAGCCTGCTTATTCGAGCAGAACTAAGTCAACCTGGCGCCCTTTTAGGGGACGACCAAATTTATAATGTTATTGTTACGGCCCACGCCTTTGTAATAATTTTCTTTATAGTAATACCAATCATGATTGGAGGCTTTGGAAACTGACTAATTCCACTTATGATCGGAGCCCCTGATATAGCATTCCCCCGAATGAATAACATGAGTTTCTGACTTCTTCCACCTTCTTTCCTACTACTCTTGGCCTCTTCAGGGGTTGAAGCAGGGGCCGGAACCGGTTGAACAGTTTATCCACCCCTCGCGGGAAACCTAGCTCACGCGGGAGCATCCGTTGACTTAACAATTTTCTCCCTCCACTTAGCAGGGGTCTCATCAATTCTAGGAGCAATTAACTTCATTACCACAATTATTAATATGAAACCACCTGCAGTGTCAATATATCAAATCCCCTTATTTGTCTGAGCCGTACTAATTACAGCTGTCCTTCTCCTTTTATCCCTGCCAGTCTTAGCCGCTGGAATCACAATACTCCTAACAGACCGAAACCTAAACCCCGCCTTCTTTGACCCCGCAGGAGGTGGGGATCCTATCCTTTACCAACACTTATTCTGATTCTTTGGCCACCCT

线粒体 DNA 12S rRNA 基因片段序列：CACCGCGGTTATACGAGAGGCTCGAGTTGACAGACAACGGCGTAAAGAGTGGTTAAGGAGAACATCTAACTAAAGCGGAACACCCTCACAGCTGTTATACGCTTCCGAGGGTATGAACCACAATTACGAAAGTGGCTTTACACTGCCTGAACCCACGAAAGCTAAGAAA

分类地位

辐鳍鱼纲 Actinopterygii

鲈形目 Perciformes

鲹科 Carangidae

鰤属 *Seriola*

五 条 鰤 40

学名：*Seriola quinqueradiata* Temminck & Schlegel，1845

英文名：Japanese amberjack

别名 / 俗名：鰤鱼、油甘鱼

形态特征　中到大型鱼类，叉长可达1.1m。体延长，呈纺锤形。头吻部略尖；尾柄短小，两侧各有一小皮嵴；眼位于吻端至尾叉的纵轴上。上颌骨后上角比较尖锐。体被小圆鳞，侧线无棱鳞。背鳍有6～7枚鳍棘、29～36枚鳍条。臀鳍有3枚鳍棘、17～22枚鳍条。胸鳍和腹鳍约等长。尾鳍叉形。体背侧暗青色，腹部银白色，体侧中央有一条不十分明显的黄色纵带，各鳍稍呈暗色。

分布范围　西北太平洋，从日本和朝鲜半岛海域至堪察加半岛南部海域。我国分布于黄海和东海北部。

生态习性　温水性中上层鱼类，栖息于岩礁斜坡或滩外水深30～60m的海域。幼鱼常见于漂浮海藻中。主要以浮游生物为食。成鱼有集群洄游习性，春季至夏季由南向北洄游，秋季至冬季由北往南洄游。主要以甲壳动物、乌贼、沙丁鱼等为食。

条码序列 ■ ■ ■ ■ ··········

● **线粒体 DNA *CO I* 基因片段序列：** CTCTATCTGGTATTCGGTGCCTGAGCCGGCATGGTCGGTACAGCTTTAAGTTTACTCATCCGAGCAGAACTTAGTCAACCCGGTGCTCTTCTGGGAGACGATCAAATTTATAACGTAATCGTTACAGCGCACGCGTTTGTAATAATTTTCTTTATAGTAATGCCAATTATGATTGGAGGGTTTGGGAACTGACTCATCCCCTTAATGATCCGGGCTCCCGATATAGCATTCCCCCGAATAAACAACATGAGCTTCTGACTCCTTCCCCCTTCATTCCTCCTACTTCTGGCCTCTTCAGGTGTTGAAGCCGGAGCTGGGACGGGTTGGACAGTCTACCCGCCCCTAGCCGGCAACCTTGCTCACGCGGGAGCATCCGTAGACTTAACAATTTTCTCCCTTCATTTAGCTGGGATCTCCTCAATTCTAGGGGCTATTAACTTTATCACAACCATCATCAACATAAAACCCCATGCCGTCTCTATGTACCAAATTCCTCTATTCGTTTGAGCTGTCCTGATTACGGCCGTGCTCCTGCTCCTGTCACTCCCAGTTTTAGCCGCGGGCATTACAATGCTTCTGACAGACCGAAACTTAAATACTGCCTTCTTTGACCCAGCCGGAGGAGGGGACCCCATCCTATACCAACACCTATT

● **线粒体 DNA 12S rRNA 基因片段序列：** CACCGCGGTTATACGAGAGGCCTAAGTTGACAGACAGCGGCGTAAAGAGTGGTTAAGGAAAACACAAAACTAAAGCCGAACGCCTTCAGAACTGTCATACGTTTTCGAAGGTATGAAGCCCAACCACGAAAGTGGCTTTATCCCCCCCCCCCTGAACCCACGAAAGCTAAAAAA

41 蓝圆鲹

学名：*Decapterus maruadsi*（Temminck & Schlegel, 1843）
英文名：Japanese scad
别名 / 俗名：红背圆鲹、黄占

分类地位

辐鳍鱼纲 Actinopterygii

鲈形目 Perciformes

鲹科 Carangidae

圆鲹属 *Decapterus*

形态特征　中小型鱼类，叉长350～450mm。体呈纺锤形，稍侧扁。头侧扁。吻锥形，幼鱼的吻长约等于眼径，成鱼的吻长略大于眼径。脂眼睑发达。口大，斜裂。前颌骨可伸缩，上颌后端伸达鼻孔与眼前缘之间的下方。上下颌各有1列细齿，犁骨齿群呈箭头形，腭骨和舌面中央都有1列细长的齿带。鳃盖条7个。体被小圆鳞；背鳍前鳞伸达眼间隔的中央；第二背鳍和臀鳍均有鳞鞘。侧线完全，前部稍弯曲，直线部约与弯曲部等长。侧线上有50～58枚普通鳞、32～36枚棱鳞，直线部的绝大部分为棱鳞。背鳍2个；臀鳍与第二背鳍同形，有1枚鳍棘、25～30枚鳍条，前方有2枚粗强棘；第二背鳍和臀鳍的后方各有1个小鳍；腹鳍胸位；尾鳍叉形。背部蓝灰色，腹部银白色；鳃盖后上角与肩带部有1个显著的黑色小圆斑；第二背鳍前部上方有1个白斑；尾鳍黄色。

分布范围　印度-西太平洋，从缅甸和马来西亚至马里亚纳群岛，北至朝鲜半岛和日本南部海域。我国分布于东海和南海北部海域。

生态习性　暖水性中上层鱼类，栖息于水深100m以浅的海域，常聚集成群，巡游于近海，也可进入半封闭海湾。白天常成群上浮，夜间有趋光性。具有较长距离洄游习性。主要以浮游生物和鱼类为食。

条码序列 ■■■■ ....

● 线粒体DNA *CO I* 基因片段序列：GGTGCTTGAGCTGGAATAGTAGGAACTGCTTTAAGCCTACTTATTCGGGCA
GAATTAAGCCAACCTGGCGCCCTTCTAGGGGATGACCAAATTTATAACGTAATTGTTACGGCCCACGCCTTCGTAAT
AATTTTCTTTATAGTAATGCCAATTATGATTGGAGGCTTTGGAAACTGACTAATCCCACTGATGATCGGAGCCCCCG
ACATGGCCTTCCCTCGAATGAACAACATGAGCTTCTGACTACTCCCTCCGTCCTTCCTGCTGCTTCTAGCCTCTTCAG
GCGTTGAAGCCGGGGCCGGAACTGGTTGAACCGTCTACCCTCCGCTGGCTGGAAATCTTGCCCACGCCGGAGCATCC
GTAGACTTAACCATCTTCTCTCTTCATCTAGCAGGTGTCTCATCAATTCTAGGGGCTATTAACTTTATTACTACTATC
ATTAATATGAAACCTCCTGCAGTTTCAATGTATCAGATCCCGCTATTCGTTTGAGCTGTTTTAATTACAGCCGTACT
TCTTCTTCTCTCTCTTCCCGTCTTAGCTGCTGGTATTACAATGCTTCTTACAGACCGAAACCTAAACACTGCCTTCTT
CGACCCTGCAGGGGGAGGAGACCCGA

线粒体DNA 12S rRNA 基因片段序列：CACCGCGGTTATACGAGAGGCTCAAGTTGACAGACAACGGCGTAAAGA
GTGGTTAAGGAAAATACTCAACTAAAGCGGAACCCCCTCATCGCTGTCATACGCTTCCGAGAGGATGAACCCCAACT
ACGAAGGTGGCTTTATAAAACCCGACCCCACGAAAGCTAAGAAA

竹笑鱼

分类地位

辐鳍鱼纲 Actinopterygii

鲈形目 Perciformes

鲹科 Carangidae

竹笑鱼属 *Trachurus*

学名：*Trachurus japonicus*（Temminck & Schlegel，1844）

英文名：Japanese jack mackerel

别名 / 俗名：日本竹笑鱼、黄占、大目鲹、巴浪

形态特征　中小型鱼类，常见叉长250～350mm。体呈纺锤形，稍侧扁；除吻和眼间隔前部外，全体均被小圆鳞。侧线上位，在第二背鳍起点处作弧形下弯后沿体中线伸达尾鳍基部。侧线全部被棱鳞，棱鳞高而强，侧线直线部的棱鳞各具1枚向后的锐棘，形成锋利的隆起脊。吻锥形，眼大，脂眼睑发达。口前位，口大，下颌稍长于上颌。上下颌各具细齿1行，犁骨、腭骨和舌面的齿呈绒毛状。鳃耙13～15+37～41枚，细长；具假鳃。侧线全部具棱鳞，有69～73枚。背鳍2个，第一背鳍有1枚向前平卧棘与8枚鳍棘，棘间有膜相连；第二背鳍有1枚鳍棘、30～35枚鳍条，和臀鳍基底等长，同形、相对；臀鳍有1枚鳍棘、26～30枚鳍条，前方还有2枚游离短棘；背鳍、臀鳍均无小鳍；胸鳍发达，长镰刀形；腹鳍起点位于胸鳍基底后方；尾柄细，尾鳍深叉形。鱼体背部青蓝色，腹侧灰白色，鳃盖后缘黑色，各鳍均为浅色。

分布范围　西北太平洋，从朝鲜半岛至日本南部。我国沿海均有分布。

生态习性　暖温性沿岸中上层鱼类，栖息于水深5～10m的海域，有昼夜垂直分布的习性，白天栖息于较深水层，夜晚有趋光性。喜集群，游泳迅速，对声音反应灵敏。主要摄食桡足类、虾蟹类和幼鱼。

条码序列 ■ ■ ■ ■ ···

● 线粒体DNA *CO I* 基因片段序列：CCTTTATCTAGTATTTGGTGCTTGAGCTGGAATAGTAGGAACCGCTTTAAGC
CTGCTTATTCGGGCAGAACTAAGCCAACCTGGCGCCCTTCTAGGGGATGACCAAATTTACAACGTAATTGTTACGGC
CCACGCTTTCGTAATAATTTTCTTTATAGTAATGCCAATTATGATTGGAGGCTTTGGAAACTGACTGATTCCGCTAA
TGATCGGGGCCCCTGATATAGCCTTCCCTCGAATGAATAACATGAGCTTCTGACTACTCCCTCCCTCCTTCCTTTTGC
TTTTAGCCTCTTCAGGGGTTGAAGCCGGGGCCGGAACTGGTTGAACAGTCTATCCCCCACTGGCTGGGAACCTTGCCC
ACGCCGGAGCGTCCGTAGATTTAACCATCTTCTCCCTTCACCTAGCAGGGGTCTCATCAATTCTAGGGGCTATTAAT
TTTATTACCACTATTATTAACATGAAACCTCCTGCAGTCTCAATATATCAAATCCCACTATTTGTTTGAGCTGTCTT
AATTACAGCCGTCCTTCTTCTTCTCTCTCTTCCTGTCCTAGCTGCTGGCATTACAATACTTCTAACAGACCGAAATC
TAAATACTGCTTTCTTTGACCCAGCAGGAGGGGGAGACCCAATTCTTTATCAACACCTATTC

● 线粒体DNA 12S rRNA 基因片段序列：CACCGCGGTTATACGAGAGGCCCAAGTTGACAGACAACGGCGTAAAG
AGTGGTTAAGGAAAACATTCAACTAAAGCGGAACCCCCTCATTGCTGTTATACGCTTCCGAGGGAATGAACCCCAAC
TACGAAGGTGGCTTTATATTAACCTGAACCCACGAAAGCTAAGAAA

43 眼镜鱼

分类地位

辐鳍鱼纲 Actinopterygii

鲈形目 Perciformes

眼镜鱼科 Menidae

眼镜鱼属 *Mene*

学名：*Mene maculata*（Bloch & Schneider，1801）

英文名：Moonfish

别名 / 俗名：眼眶鱼、眼镜鲳

形态特征　中小型鱼类，常见体长在 300mm 以下。体显著侧扁，呈眼镜片状。背缘略弯曲，腹缘向前下方凸出，薄锐如刀锋。尾柄短而侧扁。头小而侧扁，枕骨嵴高。口小，近垂直，上颌稍短于下颌。两颌有绒毛状齿带，犁骨及腭骨无齿。眼圆形，无脂眼睑。鼻孔前后 2 个，呈裂缝状，前鼻孔小于后鼻孔。鳃孔大，鳃盖膜互不相连，且与峡部分离。鳞片细小，肉眼不可见；侧线不完全，沿背缘向后延伸至背鳍末端基部下方。背鳍 1 个，基底长，稚鱼背鳍有 10 枚鳍棘，随着成长数量减少，至成鱼背鳍无鳍棘。臀鳍基底极长，仅先端的鳍条外露，从腹鳍基开始鳍条埋于皮下，稚鱼有 2 枚鳍棘，成鱼无鳍棘。腹鳍胸位，有 1 枚鳍棘、5 枚鳍条，第一、二鳍条联合延长呈带状。尾鳍呈叉形。体背部深蓝色，腹部银白色而略有淡黄色，沿侧线上下缘有 2～4 列蓝绿色斑点。

分布范围　印度 - 西太平洋，从非洲东部至新喀里多尼亚，北至朝鲜半岛和日本南部，南至澳大利亚东北部。我国见于东海南部和南海。

生态习性　热带及亚热带暖水性鱼类。主要栖息在近海的稍深水域，有时会游到沿岸水域觅食，也可进入河口区。夜间有趋光性，喜追逐光亮物体。肉食性，以浮游生物或底栖无脊椎动物为食。

条码序列　■ ■ ■ ■

● 线粒体 DNA *CO I* 基因片段序列：CCTTTACCTTCTGTTTGGTGCCTGGGCCGGAATGGTGGGCACTGCCCTAAGTCTACTCATCCGAGCAGAACTTAACCAACCTGGCACTCTCCTGGGAGACGACCAAATCTATAATGTAATTGTTACGGCACACGCCTTTGTAATAATTTTCTTTATAGTAATACCAATTATGATTGGAGGCTTCGGAAACTGACTGATCCCCCTAATAGTTGGAGCCCCCGACATAGCATTCCCTCGAATAAACAACATGAGCTTCTGACTTCTCCCTCCCTCGTTCCTTCTCCTACTGGCCTCCTCAGGAGTAGAAGCCGGTGCCGGAACGGGATGAACCGTATACCCGCCTCTTGCCGGGAATTTAGCCCACGCCGGAGCATCTGTTGACCTCACAATTTTCTCACTTCACTTGGCCGGGGTCTCTTCAATTCTTGGGGCAATTAATTTTATTACTACGATTATCAACATGAAACCACCTACTGTCTCAATGTACCAAATTCCTTTATTTGTTTGAGCAGTCCTAATTACAGCCGTCCTTCTCCTCCTTTCCCTCCCGGTCCTAGCTGCCGGAATTACAATGCTGTTAACAGACCGAAACCTGAACACCGCTTTCTTTGACCCTACTGGAGGAGGCGACCCTATTCTCTACCAACACCTATTC

● 线粒体 DNA 12S rRNA 基因片段序列：CACCGCGGTTATACGAGAGGCCCAAGTTGATAAACAGCGGCGTAAAGAGTGGTTAAGGAACACTGACAAATAAAGCCAAACACTTTCAGAGTCGTTATACGCACCTGAAAGCATGAAGCCCAACCACGAAAGTGGCTTTATCACCCCTGAACCCACGAAAGCTAAGAAA

间断仰口鲾 *44*

分类地位

辐鳍鱼纲 Actinopterygii

鲈形目 Perciformes

鲾科 Leiognathidae

仰口鲾属 *Deveximentum*

学名：*Deveximentum interruptum*（Valenciennes，1835）

英文名：Pig-nosed pony-fish

别名 / 俗名：仰口鲾、鹿斑鲾、鹿斑仰口鲾、鹿斑斜口鲾

形态特征　小型鱼类，常见体长约60mm。体呈卵圆形，侧扁而高，腹部轮廓更突出，体长为体高的1.7～2.0倍。头小，背部较凹。吻端不呈截形。眼大；眼间隔凹。脂眼睑不发达。眼上缘具一明显鼻后棘。口小，倾斜；下颌呈垂直状，微凹；上下颌可向前伸出，形成向上斜口管。上下颌各有一列细齿，犁骨、腭骨和舌面均无齿。鳃孔大。鳃盖膜与峡部相连，前鳃盖骨下缘有明显的锯齿。匙骨前缘上部和中部各有一个显著的小棘。头部无鳞，胸部和身体均被小圆鳞；侧线弯曲，末端不达尾鳍基，侧线鳞54～60枚，侧线上鳞9～14枚、侧线下鳞18～20枚。背鳍、臀鳍鳍棘弱，皆以第二鳍棘最长，前部鳍基有鳞鞘。胸鳍亚胸位，基部有1个大的腋鳞。尾鳍叉形。体灰褐色，腹侧银白色，体背侧具9～11条褐色横带。眼眶至颏部有一黑线纹。沿背鳍基底有暗色纵纹。

分布范围　印度-西太平洋，从印度洋和东南亚热带海域至澳大利亚北部和新喀里多尼亚，北至日本南部海域。我国分布于黄海、东海和南海。

生态习性　暖水性底层鱼类，栖息于近岸浅海区，水深5～20m，底质通常为沙质或泥质。也可进入河流和入海口。常集群，以小型甲壳类为食。

条码序列 ■ ■ ■ ■ ·····

● **线粒体 DNA *CO I* 基因片段序列**：CCTTTATATAGTATTTGGTGCCTGAGCTGGCATAGTCGGAACCGCCCTAAGTTTACTCATCCGAGCAGAATTAAGCCAACCCGGCGCTCTCCTAGGAGATGACCATATTTATAACGTTATTGTTACCGCACATGCATTCGTAATAATTTTCTTTATAGTAATACCCATTATAATCGGAGGCTTCGGAAACTGACTTATTCCCCTAATAATTGGAGCCCCAGACATAGCATTCCCACGAATAAACAACATAAGCTTCTGACTTCTTCCCCCATCATTTCTTCTATTACTAGCATCTTCAGGAATTGAAGCCGGTGCAGGAACAGGATGAACCGTGTACCCCCCTCTAGCAGGCAACCTTGCCCACGCAGGAGCCTCTGTTGACTTAACAATTTTCTCCCTTCACCTAGCAGGAATTTCCTCAATCCTGGGCGCTATTAATTTTATCACAACAATTATCAACATAAAACCCCAGCCATTTCACAATTCCAAACTCCCCTATTTGTGTGAGCTGTCTTAATTACGGCCGTACTCCTTCTCCTTTCCCTACCAGTCCTTGCTGCCGGAATTACAATACTATTAACTGACCGAAATCTAAACACCACCTTCTTTGACCCCGCAGGAGGAGGTGATCCAATCCTCTACCAACACTTATTC

● **线粒体 DNA 12S rRNA 基因片段序列**：CACCGCGGTTATACGAGAGACCCAAATTGATAGTACTCGGCATAAAGTGTGGTAAAGAAAACAAACAATAAAGCCGAACTCTTCCAAGGCTGTTATACGCAACCGAAAGAAAGAAGACCAACAACGAAAGTGACTTTACCTCATCTGAACCCACGAAAGCTAGGAAA

45 杜氏乌鲂

学名：*Brama dussumieri* Cuvier，1831
英文名：Lesser bream
别名 / 俗名：黑飞刀、黑皮刀

分类地位

辐鳍鱼纲 Actinopterygii

鲈形目 Perciformes

乌鲂科 Bramidae

乌鲂属 *Brama*

形态特征 中小型鱼类，常见体长180mm左右。体呈卵圆形，侧扁而高，头部有陡峭的弯曲轮廓。眼间隔显著突出。颌齿小，锥状或犬齿状。口中等大小，口裂斜。上颌骨后端伸达眼后缘的下方。鳃耙13～15枚。头、体均被圆鳞，纵列鳞57～65枚。背鳍和臀鳍有鳞。尾柄及尾鳍基底的鳞片逐渐变小。背鳍始于鳃盖后缘的后上方，无鳍棘，有32～35枚鳍条；臀鳍始于胸鳍基部后下方，鳍条长，几乎伸达臀鳍基的中部，无鳍棘，有25～28枚鳍条；左右腹鳍相互接近。尾鳍叉形，上下叶不呈丝状延长。体背侧蓝灰色，腹面银白色，背鳍和尾鳍的鳍膜黑色。

分布范围 广泛分布于全球环热带海域。我国分布于东海。

生态习性 热带和亚热带大洋性底层鱼类，栖息于水深200m以浅的大陆架海域。有垂直洄游习性。主要以鱼类、甲壳类和头足类为食。

条码序列 ■ ■ ■ ···

● 线粒体 DNA *CO I* 基因片段序列：CCTCTATCTAGTATTCGGTGCATGAGCTGGGATAGTAGGCACCGCCCTAAG
CCTACTCATTCGAGCTGAACTGAGCCAACCCGGCGCCCTCCTTGGAGATGACCAAATTTATAATGTTATCGTTACAG
CACATGCTTTCGTAATAATTTTCTTTATAGTAATACCAATCATAATTGGAGGATTCGGGAACTGACTCATCCCCCTA
ATAATCGGGGCTCCGGATATAGCATTTCCTCGAATGAACAACATAAGCTTCTGATTACTCCCTCCCTCTTTCCTCTT
GCTCTTAGCTTCCTCCGGGGTTGAAGCGGGAGCCGGAACCGGCTGAACAGTTTACCCGCCCTTGGCCGGCAACTTAGC
TCATGCAGGGGCCTCCGTGGACCTAACTATCTTTTCTCTCCATTTAGCAGGAGTTTCCTCGATTCTAGGGGCTATCAA
CTTCATTACAACGATTATCAACATAAAACCATCAGCCATTTCTCAGTACCAAACACCCCTATTTGTATGGTCTGTTT
TAATTACCGCTGTTCTCCTTCTCCTCTCCCTCCCGGTTCTTGCTGCTGGCATTACTATGCTACTCACGGACCGAAACC
TGAATACAACCTTCTTCGACCCTGCAGGCGGAGGAGACCCCATCCTCTACCAACACTTA

● 线粒体 DNA 12S rRNA 基因片段序列：GTGGTTAAGACCCCCCCCCCCCTAAAGTCGAACACCCTCAGAGCAGTT
ATACGCATCCGAGGGGGCGAAGCTCCCTCACGAAAGTGACTTTTCCCGCCCCCCCCCTGACCCCCCCAAAGCTACAA
AAAAAACTGGGGTTAAAAAACCCCCTTTGGGGG

松　鲷

分类地位

辐鳍鱼纲 Actinopterygii

鲈形目 Perciformes

松鲷科 Lobotidae

松鲷属 *Lobotes*

学名：*Lobotes surinamensis*（Bloch，1790）

英文名：Tripletail

别名 / 俗名：打铁鲈、黑猪肚、黑仔枣

形态特征　　大型鱼类，常见体长800mm左右，最大体长可达1.1m、重19.2kg。体呈长椭圆形，侧扁而高，背腹缘弧度均一。头小，背面稍凹。吻短。口向上倾斜。两颌有绒毛状齿带；犁骨、腭骨及舌上无齿。眼小，侧上位。鼻孔2个。前鳃盖骨后缘直，有强锯齿，后鳃盖骨平滑无棘。背鳍连续，有12枚鳍棘、14～16枚鳍条；臀鳍有3枚鳍棘、11～12枚鳍条；胸鳍圆形，有16枚鳍条；腹鳍有1枚鳍棘、5枚鳍条；尾鳍圆形。体被栉鳞，排列整齐，不易脱落。侧线完全。头部除吻部及颊部外皆被细鳞。背鳍鳍条部和臀鳍基底有4～6行鳞片，其他各鳍基部也有小鳞。全身黑褐色，胸鳍乳白色，其他各鳍黑色。

分布范围　　广泛分布于全球热带及亚热带海域。我国沿海均有分布。

生态习性　　温带至热带浅海鱼类，成鱼栖息于大江大河的下游、河口、海湾和浅海。行动迟缓，常在近海随着漂浮物侧身浮游在表层，仔稚鱼可见于漂浮的马尾藻中。喜集群，有洄游习性。肉食性，以底栖甲壳类及小型鱼类为食。

条码序列 ■ ■ ■ ■ ···

● 线粒体 DNA *CO I* 基因片段序列：CCTTTATTTAGTGTTTGGTGCTTGAGCTGGAATGGTTGGTACAGCCCTTAGT
CTTCTTATTCGAGCCGAGCTAAATCAGCCAGGGGCTCTACTAGGAGACGACCAGACCTATAATGTCATTGTGACAGC
CCATGCATTTGTCATAATCTTCTTTATAGTAATACCAATTATAATTGGCGGATTCGGCAACTGACTAATCCCACTAA
TAATTGGTGCTCCTGATATAGCATTCCCTCGAATAAACAACATGAGCTTCTGACTTCTTCCCCCCTCGTTCCTCCTT
CTCCTCGCCTCCTCGGGCGTAGAAGCTGGGGCCGGGACAGGTTGAACAGTTTACCCCCCACTGGCAAGTAACTTGGC
TCACGCTGGGGCATCAGTTGACCTCACTATCTTTTCCTTACACTTAGCAGGTATTTCTTCAATCCTTGGGGCCATTAA
TTTTATTACAACTATTATTAACATAAAACCCCCTGCCGTCTCTCAGTACCAAACCCCTCTGTTTGTATGGGCAGTTC
TTATTACTGCGGTCCTTCTCCTTTTATCCCTCCCAGTCCTTGCCGCAGGCATCACTATGCTTCTGACAGATCGTAACT
TAAATACTACATTCTTTGACCCAGCCGGTGGAGGGGACCCCATCCTCTATCAACACCTTTTC

● 线粒体 DNA 12S rRNA 基因片段序列：CACCGCGGTTATACGAATAGGCCCAAGTTGTTAGACATCGGCGTAAA
GCGTGGTTAGGTAATTAAATATCCAGTAAAGCCGAACGCCTTCTAGGCTGTCATACGTGTATTTGCGAAGGTGAGAA
GCCCAATTACGAAAGTAGCTTTATAATAACTGACTCCACGAAAGCCAGGAAA

47

二长棘犁齿鲷

学名：*Evynnis cardinalis*（Lacepède，1802）
英文名：Threadfin porgy
别名 / 俗名：二长棘鲷、板鱼、盘仔鱼、长鳍、鲢鱼

分类地位

辐鳍鱼纲 Actinopterygii

鲈形目 Perciformes

鲷科 Sparidae

犁齿鲷属 *Evynnis*

形态特征　中小型鱼类，体长一般在120～180mm，最大可达400mm。体呈长卵圆形，侧扁。左、右额骨分离。眼中等大小，侧上位；眼间隔凸起。口小，端位。颌前端具4～6枚犬齿，两侧具2行臼齿。犁骨、腭骨及舌上均无齿。前鳃盖骨后缘平滑；鳃盖骨后端有1个扁平的钝棘。颊鳞6行。体被中等大小的栉鳞，栉状齿弱。侧线完全，与背缘平行；侧线鳞58～62枚。背鳍有12枚鳍棘、10枚鳍条，第一、第二鳍棘短小，第三、第四鳍棘呈丝状延长。臀鳍有3枚鳍棘、9枚鳍条。尾鳍叉形。体背侧红色，腹侧粉红色。主鳃盖骨后缘和背鳍延长的鳍棘深红色，体侧有数纵行青绿色点状线。

分布范围　西太平洋，从朝鲜半岛和日本至菲律宾。我国分布于东海和南海。

生态习性　暖温性近海鱼类，栖息于100m以浅的沙泥、沙砾、岩礁底质或贝藻类丛生海域。幼鱼摄食桡足类，成鱼主要以虾蟹类、端足类、多毛类和蛇尾类等为食。

条码序列　■ ■ ■ ■ ·········

● 线粒体 DNA *CO I* 基因片段序列：CTTTATACTTGTATTTGGGTGCTTGGGCCGGGATAGTCGGAACTGCCCTAAG CCTGCTCATTCGAGCTGAGCTTAGCCAGCCCGGGGCTCTCCTAGGCGACGACCAGATTTATAATGTAATTGTTACAGC ACACGCATTTGTAATAATTTTCTTTATAGTAATGCCAATTATGATCGGGGGCTTTGGAAACTGATTAATTCCACTCA TGATTGGTGCCCCTGATATAGCATTCCCTCGAATGAACAACATGAGCTTCTGACTGCTGCCTCCATCTTTCCTTCTTC TACTCGCCTCCTCAGGAGTTGAAGCTGGGGCTGGCACTGGGTGAACAGTTTACCCGCCACTGGCAGGCAATCTCGCCC ACGCAGGAGCATCGGTCGACCTGACCATCTTTTCTCTTCACCTAGCAGGTATCTCATCAATTCTTGGTGCAATTAATT TTATTACTACCATCATCAACATGAAACCCCCTGCTATCTCCCAGTACCAAACTCCCCTGTTCGTTTGGGCCGTTCTTA TCACGGCTGTTCTTCTTCTTTTATCCCTACCAGTTCTTGCTGCCGGAATTACAATACTCCTTACCGATCGTAACCTGA ACACTACCTTCTTTGACCTAGATGGGTGAGGGGACCCAATTCTTTATAACACTTATTC

● 线粒体 DNA 12S rRNA 基因片段序列：CACCGCGGTTATACGGGAGGCCCAAGTTGTTAGAAATCGGCGTAAAG GGTGGTTAAGAGCAAGCTTAAAATTAAAGCCGAACGCCTTCTAGGCTGTTATACGCATCCGGAGGTAAGAAGCCCAA TCACGAAAGTAGCTTTATATATTCTGACCCCACGAAAGCTAAGACA

48

黄犁齿鲷

分类地位

辐鳍鱼纲 Actinopterygii

鲈形目 Perciformes

鲷科 Sparidae

犁齿鲷属 *Evynnis*

学名：*Evynnis tumifrons*（Temminck & Schlegel，1843）

英文名：Yellowback seabream

别名/俗名：黄鲷

形态特征　小型鱼类，常见体长200mm左右，最大体长可达350mm。体呈椭圆形，侧扁。头大，吻端至头顶部陡峭倾斜，眼间隔前方有一凹陷。吻钝。眼中等大小，侧位而高。眼间隔窄，凸起。鼻孔2个，前鼻孔较小，圆形，有鼻瓣；后鼻孔较大，卵圆形。口中等大小，稍倾斜，上下颌等长；上颌伸达眼前缘下方。上颌前端有4枚犬齿，两侧外列为圆锥形小齿、内列为粒状齿带；下颌前端有4～6枚犬齿，两侧的齿形与上颌齿相同；犁骨、腭骨和舌上均无齿。前鳃盖骨边缘有细锯齿；鳃盖骨后缘有一扁平钝棘。鳃耙粗短。体被较大的弱栉鳞，颊部有6行鳞片；背鳍和臀鳍鳍棘部有发达的鳞鞘。侧线完全，位高，呈弧形与背缘平行。背鳍鳍棘部与鳍条部相连，中间无缺刻；背鳍鳍棘强硬，不延长呈丝状。尾鳍叉形。体呈淡红色，背侧有金色光泽，腹部银白色，体侧有3个金黄色斑；吻上部和上颌呈金黄色。

分布范围　西太平洋，从朝鲜和日本北海道至印度尼西亚。我国分布于黄海、东海和南海。

生态习性　暖温性鱼类，栖息于大陆架沙泥底质海域。主要以多种底栖无脊椎动物和鱼类为食。有初夏和秋季两个产卵季节。

条码序列 ■ ■ ■ ■

● 线粒体 DNA *COI* 基因片段序列：GGTGCTTGGGCCGGGATAGTAGGGACTGCCCTAAGCCTGCTCATTCGAGCTGAGCTAAGCCAGCCCGGCGCTCTCCTAGGCGACGACCAGATTTATAATGTTATTGTTACAGCACATGCATTTGTAATAATTTTCTTTATAGTAATACCAATCATAATTGGAGGCTTTGGAAATTGACTTATCCCGCTTATGATCGGCGCCCCTGATATAGCATTTCCCCGAATAAACAACATGAGCTTCTGACTGCTCCCCCCCTCATTCCTTCTTCTACTTGCCTCCTCCGGGGTTGAAGCCGGAGCCGGCACTGGATGAACCGTTTACCCCCCTCTAGCAGGAAATCTTGCCCACGCAGGAGCATCCGTCGACCTGACCATCTTCTCCCTCCACTTAGCTGGGATCTCATCAATTCTTGGTGCAATCAATTTTATTACGACCATTATTAACATAAAACCCCCCGCTATTTCCCAGTATCAAACCCCCTTATTTGTATGAGCTGTCCTTATTACGGCCGTACTACTTCTTCTGTCACTGCCAGTTCTCGCTGCAGGAATCACAATGCTCCTAACAGACCGTAACCTGAACACCACCTTCTTTGACCCGGCCGGGGGAGGTGATCCTATTCTTTACCAACACT

● 线粒体 DNA 12S rRNA 基因片段序列：TGTCGGTAAAACTCGTGCCAGCCACCGCGGTTATACGGGAGGCCCAAGTTGTTAAAAATCGGCGTAAAGGGTGGTTAAGAGCAAGCTTAAAATTAAAGCCGAACGCCTTCTAGGCTGTTATACGCATCCGAAGGTAAGAAGCCCAATCACGAAAGTAGCTTTATATTTTCTGACCCCACGAAAGCTAAGATA

49 真赤鲷

分类地位

辐鳍鱼纲 Actinopterygii

鲈形目 Perciformes

鲷科 Sparidae

赤鲷属 Pagrus

学名：*Pagrus major*（Temminck & Schlegel，1843）

英文名：Red seabream

别名/俗名：真鲷

形态特征　中小型鱼类，常见体长300mm左右，最大可达1m。体呈长椭圆形，侧扁。背缘钝圆。头大，前端稍尖。眼中等大小；眼间隔宽，隆起。鼻孔2个，前鼻孔小，圆形，有鼻瓣；后鼻孔较大，椭圆形。口小，前位，上下颌约等长，口裂稍倾斜，上颌骨伸达眼前缘下方。上颌前缘有4枚犬齿，两侧有2列臼齿，内侧常有第三行不规则的粒状齿；下颌前缘有6枚犬齿，两侧有2列臼齿；犁骨、腭骨和舌上均无齿。前鳃盖骨后缘平滑，鳃盖后缘有一扁平钝棘。鳃耙短小。体被弱栉鳞，颊鳞6行。背鳍和臀鳍的鳍棘部基底有发达的鳞鞘。侧线完全，位高，呈弧形，与背缘平行。背鳍有12枚鳍棘、9～10枚鳍条，鳍棘部和鳍条部相连，中间无缺刻，鳍棘平卧时可收入鳞鞘形成的沟中。臀鳍短，与背鳍鳍条部相对。胸鳍位低，尖形。腹鳍胸位。尾鳍叉形。体呈淡红色，体侧偏背部散布有很多鲜艳的淡蓝色斑点；尾鳍边缘黑色。

分布范围　西北太平洋，从日本至印度尼西亚。我国分布于黄海、东海和南海。

生态习性　温水性鱼类，栖息于大陆架沙泥底质海域，水深10～50m，也常见于礁石区。有洄游习性，成鱼在春末和夏季游到浅水区产卵，仔稚鱼也常见于浅水区。主要以底栖的棘皮动物、多毛类、软体动物和甲壳类等无脊椎动物以及鱼类为食。

条码序列

● 线粒体DNA *CO I* 基因片段序列：GGTGCTTGGGCCGGGATAGTAGGGACTGCCTTAAGCCTGCTCATCCGAGCTG AGCTTAGCCAGCCCGGGGCTCTCCTAGGCGACGACCAGATTTATAATGTAATTGTTACAGCACACGCATTTGTAATA ATTTTCTTTATAGTAATGCCAATTATGATTGGGGGCTTTGGAAACTGATTAATTCCACTTATAATTGGTGCCCCTGAT ATGGCCTTCCCCCGAATGAACAACATAAGCTTCTGACTACTCCCCCCATCTTTCCTTCTTCTACTCGCTTCCTCCGGG GTTGAAGCCGGGGCTGGCACTGGGTGAACAGTTTATCCACCACTGGCGGGTAATCTTGCCCATGCAGGAGCATCAGTC GACCTAACCATCTTTTCTCTTCACTTAGCGGGTATTTCATCAATTCTTGGTGCAATTAACTTTATTACTACCATCATC AATATGAAACCCCTGCTATTTCCCAGTATCAGACCCCCTTGTTCGTTTGGGCCGTTCTTATTACCGCTGTCCTTCTT CTTTTATCCCTGCCAGTTCTTGCTGCAGGGATTACAATGCTCCTAACCGATCGTAATCTAAACACTACCTTCTTTGAC CCAGCTGGAGGAGGAGACCCAATTCTTTATCAACACT

● 线粒体DNA 12S rRNA 基因片段序列：CACCGCGGTTATACGGGAGGCCCAAGTTGTTAAAAATCGGCGTAAAG GGTGGTTAAGAGCAAGCTTAAAATTAAAGCCGAACGCCTTCTAGGCTGTTATACGCATCCGAAGGTAAGAAGCCCAA TCACGAAAGTAGCTTTATATTTTTCTGACCCCACGAAAGCTAAGATA

分类地位

辐鳍鱼纲 Actinopterygii

鲈形目 Perciformes

石首鱼科 Sciaenidae

鮸属 Miichthys

鮸 50

学名：*Miichthys miiuy*（Basilewsky，1855）

英文名：Miiuy croaker

别名/俗名：鮸鱼、米鱼

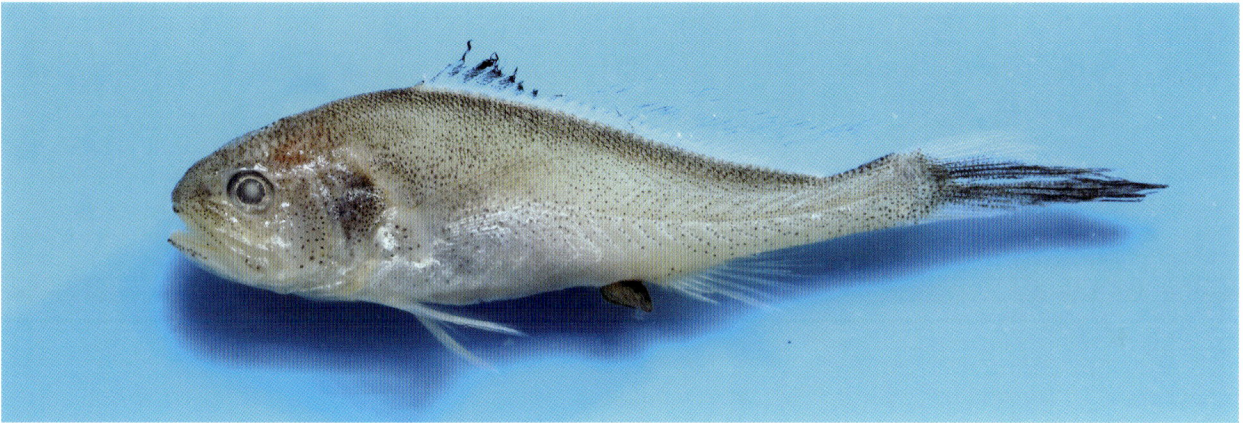

形态特征　中到大型鱼类，最大体长可达800mm、重5kg以上。体延长，侧扁，背缘和腹缘浅弧形。头中等大，尖突。吻短而钝尖，吻上中央有一个小孔，上行数孔不显著。颏孔4个。无颏须。眼中等大，上侧位，在头的前半部；眼间隔稍圆凸。鼻孔2个。口前位，口裂大，倾斜。上下颌约等长。鳃孔大，鳃盖膜与峡部不相连。有假鳃。鳃耙细长。体被栉鳞，吻部和鳃盖骨被小圆鳞，颏部及上下颌无鳞；背鳍、臀鳍基部被鳞，鳞区长约占鳍条长的1/2。背鳍连续，鳍棘部和鳍条部之间有一缺刻，有9～10枚鳍棘、28～30枚鳍条。臀鳍有2枚鳍棘、7枚鳍条。尾鳍楔形。鳔大，圆锥形，侧面有34对侧支，每个侧支有复杂的背分支和腹分支，这些分支交叉呈网状。体褐色，腹部稍淡，胸鳍后半部黑色。背鳍、臀鳍、尾鳍黑褐色。口腔橙黄色。

分布范围　西北太平洋。我国沿海均有分布。

生态习性　暖温性近海中下层鱼类，主要栖息在水深15～100m的沿岸和近海海域。主要以小鱼以及虾、蟹等甲壳类为食。有南北洄游习性，每年秋冬游入较深海域或南下越冬，4～5月从深水游向近岸作生殖洄游。

条码序列 ■ ■ ■ ■

● 线粒体 DNA *CO I* 基因片段序列：CCTCTATCTAGTTTTCGGTGCATGGGCCGGAATAGTAGGCACAGCCCTGAGTCTCCTTATTCGAGCAGAACTAAGTCAACCCGGCTCACTCCTTGGGGACGACCAAATCTTTAATGTAATTGTTACAGCACATGCCTTCGTCATAATTTTCTTTATAGTAATGCCCGTTATAATCGGAGGGTTCGGAAACTGACTTGTACCCTTAATGATCGGCGCCCCGATATGGCATTCCCCCGAATGAATAACATAAGTTTCTGACTCCTTCCCCCCTCTTTCCTCCTACTCCTGACTTCGTCAGGGGTTGAGGCAGGGGCTGGGACAGGATGAACAGTCTACCCCCCACTTGCTGGAAACCTTGCACATGCAGGGGCCTCCGTCGACTTGGCCATCTTTTCCCTTCACCTCGCAGGTGTTTCCTCAATTCTAGGTGCCATCAACTTTATTACAACTATTATCAACATAAAACCCCCAGCCATCTCCCAGTACCAGACACCCTTATTCGTATGGGCCGTCCTGATCACAGCAGTCCTCCTCCTGCTCTCACTCCCTGTCTTAGCTGCCGGCATTACAATACTTCTAACAGACCGTAACCTAAACACAACCTTCTTCGACCCCGCAGGCGGAGGCGACCCCATCCTTTACCAACATTTATTC

● 线粒体 DNA 12S rRNA 基因片段序列：CGCCGCGGTTATACGAGAGGCCCAAGTTGATAGTCCACGGCGTAAAGAGTGGTTAGAAAGAGCCCGTTACTAAAGCCGAACGCCTTCAAAGCTGTTATACGCATCCGAAGGTGAGAAGCCATCCACGAAAGTGGCTTTACAACCTTGAACCCACGAAAGCTACGACA

51

棘头梅童鱼

分类地位

辐鳍鱼纲 Actinopterygii

鲈形目 Perciformes

石首鱼科 Sciaenidae

梅童鱼属 *Collichthys*

学名：*Collichthys lucidus*（Richardson，1844）

英文名：Big head croaker

别名／俗名：梅童鱼、小眼梅鱼、大头梅鱼

形态特征　小型鱼类，常见体长50～160mm，最大可达198mm。体呈长椭圆形，侧扁。顶枕部的中央有1枚纵棘棱，棘棱前后端各有1枚棘，中间有2～4枚小棘。吻钝短，圆突。眼稍小，侧位，略高。眼间隔中央圆突。口稍大，甚斜，前位而稍低。前颌骨能伸缩，前颌骨联合处呈凹刻状；上颌骨隐于皮下，后端附近有1个小圆孔；下颌骨联合处在背面与腹面稍呈突起状，腹面无显著的小孔。上下颌均有绒毛状齿群，犁骨、腭骨及舌无齿。唇薄，舌钝尖，周缘及前端游离。前鳃盖骨角圆形，有数个尖棘；主鳃盖骨后端只有1枚薄软的扁棘。鳃孔大。鳃盖膜突及鳃盖膜都很薄软且大；鳃盖膜前下端微连，与颊部分离。鳃盖条7枚。鳃耙细弱。有假鳃。头、体被小圆鳞；鳞稍小，易脱落，基端有约6条辐状条纹。背鳍2个，有24～28枚鳍条；第一背鳍始于鳃盖膜突后端的稍前方，由鳍棘组成，与第二背鳍间有一深凹刻。尾鳍尖形。鳔大，亚圆锥形，有21～22对侧支。鳃腔几乎全为白色或灰色。头体的背侧约为浅黄褐色，向下渐为金黄色；而背鳍的上缘及尾鳍的末端渐为灰黄色。

分布范围　西太平洋，从朝鲜半岛和日本的九州至中国南海。我国沿海均有分布。

生态习性　暖温性近海底层鱼类，主要栖息于90m以浅的软泥或泥沙质海域。主要以毛虾等小型甲壳类为食。

条码序列　■ ■ ■ ■ ···

● 线粒体DNA *CO I* 基因片段序列：GTGGGCACAGCCCTAAGTCTTCTTATTCGAGCAGAGCTGAGCCAGCCCGGCTCACTTCTCGGAGACGATCAAATTTTTAACGTAATTGTTACGGCACATGCCTTCGTTATAATTTTCTTTATAGTAATGCCCGTTATGATTGGAGGTTTCGGAAACTGGCTGGTACCTTTAATAATTGGTGCCCCCGACATAGCATTCCCCCGAATAAATAACATAAGCTTCTGACTCATCCCCCCATCCTTCCTCCTGCTTTTAACCTCATCAGGGGTTGAAGCGGGGGCCGGAACGGGGTGGACAGTCTACCCCCCACTTGCTGGAAACCTTGCACACGCAGGGGCTTCAGTTGACTTAGCAATTTTTTCTCTCCACCTCGCAGGTGTATCCTCAATCCTGGGGGCTATTAACTTCATTACAACAATTATTAACATAAAACCCCCAGCTATTTCTCAATACCAAACACCCCTGTTTGTCTGAGCTGTCCTCATTACAGCAGTACTACTATTACTCTCACTCCCTGTTTTAGCTGCCGGCATCACAATGCTTCTAACAGATCGCAATCTCAATACGACCTTTTTTGACCCCGCAGGCGGAGGCGACCCCATCCTTTACCA

● 线粒体DNA 12S rRNA 基因片段序列：CACCGCGGTTATACGAGAGGCCCAAGTCGATAGTCAACGGCGTAAAGAGTGGTTAGATACAACCCATTACTAAAGCCGAACGCCTTCAAAGCTGTTATACGCACCCGAAGGTGAGAAGCCCACCCACGAAAGTGGCTTTACAATCTTGAACCCACGAAAGCTATGACA

分类地位

辐鳍鱼纲 Actinopterygii

鲈形目 Perciformes

石首鱼科 Sciaenidae

黄鱼属 *Larimichthys*

大黄鱼 52

学名：*Larimichthys crocea*（Richardson，1846）

英文名：Large yellow croaker

别名/俗名：黄鱼、黄花鱼、大鲜、梅鱼、黄瓜鱼、大仲、白鲞（干制品）

形态特征 中小型鱼类，常见体长150～650mm，最大体长为800mm。体延长，侧扁，尾柄长为尾柄高的3倍余。头钝尖形。吻不突出。口端位，上下颌约等长。吻缘孔5个，直缝形；吻上孔3个，呈弧形排列；颏孔4个或6个。鼻孔2个，长圆形。前鳃盖后缘有锯齿，鳃盖有2枚扁棘。有假鳃。鳃耙细长。体被小鳞片，体侧前1/3为圆鳞，其余为栉鳞；头部除头顶后部外皆被圆鳞；侧线鳞52～53枚；背鳍与侧线间鳞8～9行。耳石呈盾形。臀鳍有2枚鳍棘、7～8枚鳍条，第二鳍棘的长度等于或稍大于眼径；腹鳍基起点在胸鳍基上缘点垂线之后；尾鳍楔形。鳔的腹分支下分支的前后小支等长。体侧上半部为黄褐色，下半部各鳞下都具金黄色腺体。背鳍浅黄褐色；尾鳍浅黄褐色，末缘黑褐色；臀鳍、腹鳍及胸鳍为鲜黄色。

分布范围 西北太平洋，从韩国和日本至越南中部海域。我国见于黄海南部、东海及南海。

生态习性 暖温性近海底层鱼类，主要栖息于120m以浅的沿岸和近海水域，偶尔进入河口区。主要以小鱼以及虾、蟹等甲壳类为食。喜集群，有明显的垂直洄游习性，生殖季节群聚洄游至河口附近或岛屿、内湾的近岸浅水域。鳔能发声，在生殖期会发出"咯咯"的声音。

条码序列 ■ ■ ■ ■ ......

● 线粒体 DNA *CO I* 基因片段序列：CCTCTACCTAATTTTTGGTGCATGAGCCGGAATAGTGGGCACAGCCCTAAG
TCTCCTAATTCGAGCAGAACTAAGCCAGCCCGGCTCACTTCTCGGAGACGACCAGATTTTTAATGTAATCGTTACGG
CACATGCTTTCGTTATAATCTTCTTTATAGTAATACCCGTTATAATTGGAGGGTTCGGGAACTGGCTTGTGCCTTTAA
TAATTGGCGCCCCCGACATAGCATTCCCCCGAATGAATAACATAAGCTTCTGGCTCATCCCCCCTTCTTTCCTACTG
CTCCTCGCCTCATCAGGGGTTGAAGCAGGGGCCGGAACAGGGTGGACAGTCTACCCCCCGCTTGCTGGAAACCTGGC
GCACGCAGGGCCTTCAGTCGACTTAGCTATTTTTTCCCTACACCTCGCAGGTGTTTCCTCAATCCTGGGGGCCATCAA
CTTCATTACAACAATTATTAATATGAAACCCCCGGCATCACTCAATATCAAACACCTCTGTTTGTCTGAGCCGTTC
TAATTACAGCCGTCCTCCTGCTGCTCTCACTACCTGTTTTAGCCGCCGGCATCACAATGCTTTTGACTGACCGCAATC
TGAATACAACTTTCTTCGACCCTTCGGGCGGAGGCGATCCCATCCTTTACCAACACCTATTC

● 线粒体 DNA 12S rRNA 基因片段序列：CACCGCGGTTATACGAGAGGCCCAAGTCGATAGTCAACGGCGTAAAG
AGTGGTTAGATGAGACCTATTACTAAAGCCGAACGCCTTCAAAGCTGTTATACGCACCCGAAGGTGAGAAGCCCACC
CACGAAAGTGGCTTTATAATCTTGAATCCACGAAAGCTATGACA

53 小黄鱼

分类地位

辐鳍鱼纲 Actinopterygii

鲈形目 Perciformes

石首鱼科 Sciaenidae

黄鱼属 Larimichthys

学名：*Larimichthys polyactis*（Bleeker，1877）

英文名：Yellow croaker

别名/俗名：黄花鱼、春鱼、梅子、小黄瓜、小鲜

形态特征　中小型鱼类，常见体长140～270mm，最大体长可达400mm，最大年龄可达23龄。体延长，侧扁，尾柄长为尾柄高的2倍余。头大，尖钝，侧扁，有发达的黏液腔。吻短，钝尖，吻上有4个小孔。眼中等大，上侧位；眼间隔宽而圆凸。鼻孔2个。口前位，口裂大而斜，上下颌约等长；上颌骨后端伸达眼后缘下方。颏孔不明显，无颏须。鳃孔大，鳃盖膜不与峡部相连。假鳃发达。鳃耙细长。头部和体前部被圆鳞，体后部被栉鳞。侧线发达，前部稍弯曲，后部平直，延伸至尾鳍后端。侧线鳞58～59枚。侧线上鳞5～6行。背鳍连续，起点在胸鳍基部上方；鳍棘部与鳍条部之间有一个缺刻；背鳍有10～11枚鳍棘、31～36枚鳍条。臀鳍有2枚鳍棘、9～10枚鳍条，第二鳍棘的长度小于眼径。尾鳍尖长，略呈楔形。鳔的腹分支下分支的前小支延长，后小支短小。体背侧黄褐色，腹侧橙黄色。各鳍灰黄色。唇橘红色。

分布范围　西北太平洋，从朝鲜半岛和日本周边海域至中国台湾海域。我国见于渤海、黄海、东海。

生态习性　暖温性底层鱼类，主要栖息于120m以浅的沿岸及近海软泥或泥沙底质海域，偶尔会进入河口区。生长迅速，性成熟早。主要以小鱼以及虾、蟹等甲壳类为食。鳔能发声，在生殖期会发出"咯咯"的声音。有明显的越冬和产卵洄游，以及昼伏夜浮的垂直移动习性。

条码序列 ■ ■ ■ ■ ⋯⋯⋯⋯⋯⋯⋯⋯⋯⋯⋯⋯⋯⋯⋯⋯⋯⋯⋯⋯⋯⋯⋯⋯⋯⋯⋯⋯⋯⋯⋯⋯

● 线粒体DNA *CO I* 基因片段序列：CCTCTATCTAATTTTTGGTGCATGAGCCGGAATAGTGGGCACCGGCCTAAGT
CTCATTATTCGAGCAGAGCTAAGCCAGCCCGGCTCGCTTCTCGGAGACGACCAGATTTTTAACGTAGTTGTTACGGC
ACATGCCTTCGTTATAATCTTCTTTATAGTAATACCCGTAATAATCGGAGGGTTCGGAAACTGACTCGTGCCTTTAAT
AATTGGCGCCCCGACATAGCATTTCCCCGAATAAATAACATAAGCTTCTGACTTATCCCCCCTGCTTTCATTATGC
TCGCAGCCTCATCAGCGGTTGAAGCAGGGGCCGGAACAGGGTGAACAGTCTACCCCCCCACTTGCTGGAAATCTCGCA
CACGCAGGAGCTTCAGTCGACTTAGCCATTTTCGCTCTGCACCTTGCGGGTGTCTCTTCAATCCTGGGGGCCATCAAC
TTCATCACAACGATTCTTAACATAAAACCCCCCGGCATAACCCAATACCAAACACCCCTGTTTGTGTGATCCGTTCT
GATTACAGCAGTCTCCTCCTACTATCACTGCCCGTCCTAGCTGCCGGCATCACAATGCTTTTAACAGACCGCAACC
TCAACACAACCTTTTTTGACCCCTCAGGTGGAGGCGATCCCATCCTTTATCAACACCTATTC

● 线粒体DNA 12S rRNA 基因片段序列：CACCGCGGTTATACGAGAGGCCCAAGTCGATAGTCAACGGCGTAAAG
AGTGGTTAGATAGAACCCAAAACTAAAGCCGAACGCCTTCAAAGCTGTTATACGCACCCGAAGGTAAGAAGCCCAC
CCACGAAAGTGGCTTTACAATCtTGAACCCACGAAAGCTATGACA

分类地位

辐鳍鱼纲 Actinopterygii

鲈形目 Perciformes

羊鱼科 Mullidae

副鲱鲤属 *Parupeneus*

短须副鲱鲤

学名：*Parupeneus ciliatus*（Lacepède，1802）

英文名：Whitesaddle goatfish

别名 / 俗名：短须海鲱鲤

形态特征　中小型鱼类，最大体长380mm。体延长，略侧扁。头中等大小。眼小，位于头部稍后方。眼间隔宽，微凸。鼻孔2个，前鼻孔小，圆形；后鼻孔裂缝状。口小，端位，上下颌约等长，上颌骨后端宽大。颏部下颌缝合处稍后有1对须，较短，末端不超过鳃盖后缘。鳃盖膜分离，不与峡部相连。鳃孔大。有假鳃。鳃耙细密，有6～8＋23～27枚。头、体被栉鳞，鳞片大且易脱落；侧线完全，侧线鳞26～31枚。背鳍2个，分离；第一背鳍有7枚鳍棘，第二背鳍有1枚鳍棘、9枚鳍条；臀鳍有1枚鳍棘、7枚鳍条；胸鳍侧下位，有14～16（常为15）枚鳍条；腹鳍胸位；尾鳍叉形。体背部棕色至红色，腹部色淡；鳞片后缘暗色；体侧鳞片有白色或浅蓝色斑点；体侧有2条暗褐色或褐红色纵带。各鳍淡红色至红灰色，第二背鳍和臀鳍常有浅色小斑点。尾柄背部具鞍状斑，向下不达侧线。

分布范围　印度-太平洋，自印度洋西部至莱恩群岛、马克萨斯群岛和土阿莫土群岛，北至日本南部，南至澳大利亚和拉帕岛。我国分布于东海南部。

生态习性　暖水性海洋底层鱼类，栖息于沿岸的岩礁区、内湾的沙质底海域或海草床，以其颏须探索泥底中潜藏的甲壳类、多毛类及软体动物等，再挖掘觅食。

条码序列 ■ ■ ■ ■ ....

● 线粒体 DNA *CO I* 基因片段序列：CCTCTACCTAATCTTCGGTGCTTGAGCTGGAATAGTAGGAACTGCTTTAAGC
CTTCTTATTCGTGCTGAACTCAGCCAACCCGGCGCCCTTCTAGGTGACGACCAAATTTATAACGTAATTGTTACAGC
ACATGCCTTTGTAATAATTTTCTTTATGGTAATGCCAGTTATGATCGGAGGATTTGGCAACTGACTTATCCCACTCA
TGATTGGTGCACCAGACATGGCCTTCCCTCGAATGAACAACATGAGCTTCTGACTACTCCCCCCTTCTTTCCTCCTCC
TCCTTGCCTCTTCCGGTGTTGAAGCCGGGGCGGGAACTGGTTGGACAGTCTACCCACCACTAGCAGGTAATCTAGCA
CATGCCGGAGCATCTGTCGATCTAACTATTTTTTCCCTCCACCTGGCAGGCATTTCTTCTATCCTGGGAGCTATTAAT
TTCATTACTACAATCATTAATATGAAACCTCCTGCAATTTCACAATACCAAACACCTCTCTTCGTTTGAGCTGTACT
AATTACAGCCGTACTACTTCTTCTGTCACTCCCAGTACTTGCCGCTGGCATTACAATGCTGCTGACCGACCGAAACC
TTAACACAACCTTCTTTGACCCGGCAGGGGGAGGAGACCCAATTCTTTACCAACATTTGTTC

● 线粒体 DNA 12S rRNA 基因片段序列：AACCGCGGTTATACGAGAGGCCCAAGTTGATAGGAATCGGCGTAAAG
GGTGGTTAAGGGTTATTACAAAATAAAGCCAAAGATTCTCAATGCTGTTATACGCTCTCGAGGACTCGAAGCCCCAC
CACGAAAGTGGCTTTACCCCACCCCGAACCCACGAAAGCCAGGGTA

55 六带线纹鱼

分类地位

辐鳍鱼纲 Actinopterygii

鲈形目 Perciformes

鮨科 Serranidae

线纹鱼属 *Grammistes*

学名：*Grammistes sexlineatus*（Thunberg，1792）

英文名：Goldenstriped soapfish

别名 / 俗名：六线黑鲈、包公

形态特征　体呈长椭圆形，侧扁。最大体长300mm。体长为体高的2.3～2.5倍。口大；上颌骨不被眶前骨覆盖；前颌骨能活动，可稍向前伸出。上下颌、犁骨和腭骨均有绒毛状细齿。前鳃盖骨后缘有1～5枚棘。下颌有小皮瓣。鳃盖膜分离，不与峡部相连。侧线完全，但不延伸至尾鳍基。背鳍有7枚鳍棘、13～14枚鳍条；胸鳍下侧位；腹鳍胸位；臀鳍有2枚鳍棘、9枚鳍条；尾鳍末端圆形。体呈暗褐色，有黄色或白色的条纹。小的仔稚鱼体侧有斑点，体长不足50mm的个体有3条白色纵带，体长80mm以上的幼鱼有6条纵带，纵带数量随着生长而增加，在成鱼阶段进一步分裂为短带和斑点。

分布范围　印度-太平洋，自红海至马克萨斯群岛和曼加列罗群岛，北至日本南部，南至新西兰。我国分布于东海南部和南海。

生态习性　恋礁性底栖小型鱼类。栖息水深1～50m，以2～5m的近岸水域最多，偶见于潮池。昼伏夜出，白天独居于珊瑚礁或岩礁底部的孔穴内，夜间外出觅食。主要以鱼类为食。受惊吓时体表会分泌大量黏液，可使海水呈皂沫状，且内含线纹鱼毒素，对鱼类和哺乳类的红细胞有溶血作用，能杀死在附近游动的鱼类。

条码序列　■■■■ ....

● 线粒体 DNA *CO I* 基因片段序列：CCTCTATCTAGTATTCGGTGCCTGAGCCGGAATAGTAGGCACTGCCCTAAGC
CTGCTAATCCGAGCCGAACTAAGCCAACCGGGCGCTCTCCTGGGAGACGATCAAATCTACAATGTGATCGTAACGGC
ACATGCCTTCGTAATAATTTTCTTTATAGTAATACCAATCATGATTGGAGGCTTCGGAAACTGACTAATCCCCCTAA
TAATCGGCGCTCCAGACATGGCATTTCCCCGAATAAACAACATAAGCTTCTGACTACTACCCCCCTCCTTCCTTCTT
CTCCTCGCCTCCTCCGGAGTAGAAGCAGGAGCAGGCACTGGATGGACTGTCTACCCACCCCTAGCTGGCAACCTAGC
CCATGCAGGAGCATCCGTTGACCTAACTATTTTCTCCCTCCATCTGGCAGGAATCTCCTCCATCCTTGGGGCAATTAA
CTTTATCACAACCATTATCAACATGAAGCCCCCTGCCATCTCCCAATACCAAACACCTCTATTCGTATGGGCCGTAC
TGATTACTGCCGTCCTCCTATTACTATCCCTCCCAGTCCTTGCTGCCGGCATTACAATGCTCCTAACAGACCGAAACC
TTAACACCACCTTCTTTGACCCTGCAGGAGGGGGGGACCCAATCCTCTATCAACATTTATTC

● 线粒体 DNA 12S rRNA 基因片段序列：TACCGCGGTTATACGAGAGGCTCAAGTTGATAGATCCCGGCGTAAAG
AGTGGTTAAGATTAGGTCCGACACTAAAGCCGAACAACCTCAATGCTGTTATACGCATCCGAAGGTCAGAAGTACAA
CTACGAAAGTGGCTTTAACTACCTGAATCCACGAAAGCTAAGGCA

条 石 鲷 56

学名：*Oplegnathus fasciatus*（Temminck & Schlegel，1844）

英文名：Barred knifejaw

别名 / 俗名：石鲷、海胆鲷、七色

形态特征　中到大型鱼类，最大个体达800mm。体呈长卵圆形，侧扁而高。头短小。吻圆锥形，钝尖。眼上侧位。鼻孔小，每侧2个，具鼻瓣。口前位，不能伸缩，上下颌约等长。颌齿愈合，齿间隙充满石灰质，形成坚固的牙喙；腭骨无齿。体被细小栉鳞，颊部有鳞，背鳍、臀鳍、尾鳍鳍条、胸鳍及腹鳍基底均有鳞，背鳍及臀鳍基底有鳞鞘。侧线上侧位，弧形弯曲，与背缘平行，伸达尾鳍基。背鳍连续，起点在胸鳍基底稍后上方，有12枚鳍棘、17枚鳍条，鳍棘部长于鳍条部。臀鳍有3枚鳍棘、12～13枚鳍条，鳍棘短小，鳍条部与背鳍鳍条部同形、相对。胸鳍短而圆，有17枚鳍条。腹鳍胸位，有1枚棘、5枚鳍条。尾鳍截形至微凹，有17枚鳍条。体呈灰黑色，体侧通常有7条黑色横带，但随着生长有时横带会逐渐愈合；吻部及周围有黑色区域。背鳍、臀鳍、尾鳍颜色较淡，边缘黑色；胸鳍和腹鳍黑色。

分布范围　西北太平洋，自日本、韩国海域至中国台湾海域以及美国夏威夷海域。我国分布于东海。

生态习性　暖温性近岸底层鱼类，栖息于10m以浅的岩礁海域。仔稚鱼可随海藻漂移，而50mm以上的个体主要栖息于岩礁区。肉食性，齿锐利，可咬碎贝类或海胆等坚硬的外壳。

条码序列 ■ ■ ■ ■ ┈┈┈┈┈┈┈┈┈┈┈┈┈┈┈┈┈┈┈┈┈┈┈┈┈┈┈┈┈┈┈┈┈┈┈┈┈┈

● 线粒体 DNA *CO I* 基因片段序列：CCTTTATCTAGTATTTGGTGCCTGAGCTGGCATAGTAGGCACAGCCCTAAG
CCTTCTCATCCGAGCAGAGCTAAGCCAGCCCGGAGCCCTTTTAGGGGACGACCAAATCTATAACGTCATTGTTACAG
CCCATGCCTTCGTAATGATTTTCTTTATAGTAATGCCAATCATGATCGGAGGCTTCGGAAACTGGCTTATCCCCCTA
ATGATCGGTGCCCCTGATATGGCTTTTCCTCGAATAAACAACATAAGTTTTTGACTTCTGCCCCCCTCCTTCCTACT
CCTTCTCGCCTCCTCTGGGGTTGAAGCCGGTGCCGGAACAGGGTGAACTGTCTACCCTCCCTTGGCCGGCAACTTAGC
CCATGCGGGGGCCTCTGTAGACCTGACTATCTTCTCCCTTCATCTGGCCGGGATCTCCTCAATCCTTGGTGCAATTAA
TTTCATCACAACCATTATTAATATGAAACCTCCCGCAATCTCCCAATACCAAACCCCGCTGTTCGTGTGGTCCGTCC
TGATTACCGCCGTCCTCCTTCTTCTGTCCCTGCCAGTCCTTGCCGCGGGCATCACAATGCTTCTAACTGACCGCAACC
TAAACACCACATTCTTCGACCCTGCCGGAGGAGGAGACCCCATTCTCTATCAACACCTT

● 线粒体 DNA 12S rRNA 基因片段序列：CACCGCGGTTATACGAGAGGCCCAAGTTGATAGACTTCCGGCGTAAAG
CGTGGTTAAGACAAATTTTAAACTAAAGCCGAACGCCCTCAGAGCTGTTATACGCTCCCGAGGGTAAGAAGCCCAAT
CACGAAAGTGGCTTTATACCAACTGAACCCACGAAAGCTATGACA

57

四角鹰螉

分类地位

辐鳍鱼纲 Actinopterygii

鲈形目 Perciformes

婢螉科 Latridae

鹰螉属 *Goniistius*

学名：*Goniistius quadricornis*（Günther，1860）

英文名：Blackbarred morwong

别名 / 俗名：背带螉、四角唇指螉、四角隼螉

形态特征　中小型鱼类，最大体长达400mm。体呈长椭圆形，侧扁。头中等大小，前端略尖。吻钝。眼稍大，侧位而高。眼间隔微凸。鼻孔2个，相互邻近，前鼻孔略大，有鼻瓣。口小，前位，上下颌约等长。唇较厚。上下颌有细齿，圆锥形，齿尖黄色，前端排列为多行，向后逐渐变为单行；犁骨、腭骨和舌上无齿。前鳃盖骨边缘平滑。鳃盖骨后上方有一个凹刻。鳃孔大。有假鳃。鳃盖膜相连，与峡部分离。鳃耙稀疏。体被圆鳞，背鳍和臀鳍基部有发达的鳞鞘。侧线完全，位高，与背缘平行。背鳍1个，鳍棘部与鳍条部相连，中间有一浅凹，有17枚鳍棘、27枚鳍条；臀鳍有3枚鳍棘、9枚鳍条；胸鳍位低，下部7枚鳍条延长，肥厚，不分支；尾鳍叉形。体背部蓝灰色，腹部银白色；各鳍浅灰色；体侧有8条黑色斜带，前两条斜贯头部，最后一条自尾柄背面斜伸达尾鳍下叶末端。

分布范围　西北太平洋，韩国、日本海域至中国南海。我国分布于东海南部和南海。

生态习性　暖温性海洋底栖鱼类，栖息于水深30m以浅的礁沙混合区，以一游一停的方式移动，常停驻礁盘上方伺机猎食，或在沙泥底以胸鳍的延长鳍条探寻猎物，食底栖甲壳类。

条码序列 ■ ■ ■ ■ ···

● 线粒体 DNA *CO I* 基因片段序列：CCTTTATCTAGTATTTGGTGCTTGAGCCGGAATAGTAGGCACAGCCCTGAGCTTGCTAATTCGAGCAGAACTTAGCCAACCGGGCGCCCTCCTCGGTGACGACCAGATTTACAATGTAATCGTAACAGCGCATGCCTTCGTAATAATCTTCTTTATAGTAATACCCATTATGATCGGAGGGTTTGGGAACTGACTTATTCCTCTGATGATCGGCGCCCCGACATAGCATTTCCCCGAATAAACAACATAAGCTTCTGACTTCTTCCACCATCTTTTTCTTTTACTTCTAGCTTCCTCTGGAGTAGAGGCCGGGGCAGGGACCGGTTGAACCGTCTACCCGCCCCTAGCTGGTAACTTAGCCCATGCTGGAGCATCCGTAGACCTAACGATTTTTTCACTCCACCTAGCAGGTGTTTCCTCAATCCTTGGGGCCATTAACTTTATTACTACAATTATTAACATAAAACCTCCCGCTATTTCCCAATACCAAACACCTCTCTTCGTCTGAGCAGTTCTAATTACTGCCGTCCTTCTTCTCCTTTCCCTCCCAGTCCTTGCCGCCGGCATCACAATGCTCCTTACGGACCGCAACCTCAACACCACCTTCTTTGACCCCGCGGGAGGAGGTGACCCCATTCTTTATCAACACCTA

● 线粒体 DNA 12S rRNA 基因片段序列：CACCGCGGTTATACGAGAGGCCCAAGTTGATAAACCCCGGCGTAAAGAGTGGTTAAGATAGATTAAACACTAAGGCCGAACGCCCCCTAGGCTGTTATACGCATCCGGGGGTAAGAAGTTCAACCACGAAAGTGGCCTTATACTCCCTGAACCCACGAAAGCTAGGATA

分类地位

辐鳍鱼纲 Actinopterygii

鲈形目 Perciformes

赤刀鱼科 Cepolidae

棘赤刀鱼属 *Acanthocepola*

印度棘赤刀鱼 58

学名：*Acanthocepola indica*（Day，1888）

英文名：Indian bandfish

别名/俗名：红带鱼

形态特征　中小型鱼类，体长130～450mm。体延长呈带状，侧扁；体长为体高的7～8倍。头小，短钝。吻颇短。眼较大，位于头前部的上侧位。眼间隔宽平。鼻孔每侧2个，相距较近。口大，前位，倾斜。上下颌约等长；上颌骨末端宽大，后端达瞳孔下方；下颌向下微凸。两颌各有一行细齿，齿尖端稍向内弯，前端缝合部无齿；犁骨和腭骨无齿。鳃孔大。前鳃盖骨后下角有5～6枚强棘，鳃盖骨后缘有一平棘。鳃耙细长，排列紧密。体被细小圆鳞，吻部无鳞。侧线沿背鳍基部下方向后渐不明显。背鳍1个，无鳍棘，有83～85枚鳍条，基底颇长，向后有鳍膜与尾鳍相连。臀鳍与背鳍同形，向后有鳍膜与尾鳍相连。胸鳍短，有17枚鳍条。尾尖形，中间鳍条延长。体呈橘红色，背部色深，腹部较淡；体侧有数条橙黄色横带；背鳍、臀鳍和尾鳍边缘深红色，背鳍前部有不明显的黑斑。

分布范围　印度-西太平洋，日本相模湾以南的暖水海域。我国分布于东海南部和南海。

生态习性　热带和亚热带底栖鱼类，通常栖息于水深300m以浅的沙或泥沙底质海区。喜穴居，常挖掘洞穴藏身其中，以头上尾下的立姿于洞穴周缘捕食猎物，主要以小型无脊椎动物或小鱼为食。

条码序列 ■ ■ ■

● 线粒体DNA *CO I* 基因片段序列：TCTTTATCTAATATTTGGTGCCTGGGCCGGCATGGTGGGGACAGCCTTAAGTCTCTTAATTCGAGCTGAACTTAGCCAACCCGGCCCCTTTTTAGGGGACGATCAAATCTACAATGTAATTGTCACAGCGCATGCTTTTGTGATGATTTTCTTTATAGTAATACCAATTATGATCGGGGGATTCGGCAACTGATTAGTACCCCTAATGATTGGGGCCCCAGACATGGCATTCCCCCGAATGAACAATATGAGCTTCTGGCTCCTCCCCCCCTCCCTCCTTCTCCTCTTGGCTTCTTCAGGTGTCGAAGCGGGGGCGGGCACAGGTTGAACCGTCTACCCGCCTCTGGCGGGCAACCTAGCACATGCCGGGGCATCTGTTGACTTGACCATTTTCTCCCTTCACCTTGCCGGGATTTCCTCAATTCTGGGCGCCATTAACTTTATTACCACTATTATTAACATAAAACCCCCTGCTGCCTCCCCCTATCAAACACCCCTGTTTGTGTGGGCCGTCCTAATTACAGCAGTCCTCCTACTACTCTCACTACCAGTTCTTGCAGCTGGCATTACAATGCTTCTTACCGATCGAAACTTAAATACTACATTCTTTGACCCCGCCGGGGGAGGAGACCCAATCCTTTATCAACACCTATTC

● 线粒体DNA 12S rRNA 基因片段序列：CACCGCGGTTATACGAGAGGCCCAAGCTGATAGCCACCGGCGTAAAGAGTGGTTAGGAAAAATTAAAACTAAAGCCGAATACCTTTGATGCTGTTATACGCGTTCAAACATAAGAAGCCCTGTCACGAAAGTAGCTTTACAAAATCTGAATCCACGAAAGCCAGGGAA

59 背点棘赤刀鱼

学名：*Acanthocepola limbata*（Valenciennes，1835）

英文名：Blackspot bandfish

别名 / 俗名：背斑棘赤刀鱼、赤带鱼

形态特征　中小型鱼类，体长可达500mm。体延长呈带状，侧扁；体长为体高的13倍。头钝，短而小。吻颇短，钝圆。眼较大，位于头前部的上侧位。眼间隔平坦。鼻孔每侧2个，相距较近。口大，前位，倾斜。上下颌约等长；上颌骨末端宽大，伸达瞳孔后下方。两颌各有一行细齿，齿尖端稍向内弯，前端缝合部无齿；犁骨和腭骨无齿。前鳃盖骨后下角有6～7枚钝棘，鳃盖骨无棘。鳃孔大。有假鳃。鳃耙细长，排列紧密。体被细小圆鳞，吻部无鳞。侧线沿背鳍基部下方向后渐不明显，纵列鳞297～300枚。背鳍1个，无鳍棘，有102～104枚鳍条，基底颇长，向后有鳍膜与尾鳍相连。臀鳍与背鳍同形，向后有鳍膜与尾鳍相连，有105～107枚鳍条。胸鳍短，有17枚鳍条。尾尖形，中间鳍条延长。体呈肉红色；背鳍前部有1个黑斑；臀鳍边缘黑色。

分布范围　印度-西太平洋，自印度沿海至巴布亚湾，北至朝鲜半岛和日本海域，南至澳大利亚。我国分布于东海和南海北部海域。

生态习性　热带和亚热带底栖鱼类，栖息于水深80～200m的沙或泥沙底质海区。常挖掘洞穴藏身其中，并以头上尾下的立姿于洞穴周缘捕食，主要以小型无脊椎动物或小鱼为食。

条码序列 ■ ■ ■ ■

● 线粒体 DNA *CO I* 基因片段序列：TCTTTATCTAATATTTGGTGCCTGGGCCGGCATGGTGGGGACAGCCTTAAGT
CTCTTAATTCGAGCTGAACTTAGCCAACCCGGCCCCTTTTTAGGGGACGATCAAATCTACAATGTAATTGTCACAGC
GCATGCTTTTGTGATGATTTTCTTTATAGTAATACCAATTATGATCGGGGGATTCGGCAACTGATTAGTACCCCTAA
TGATTGGGGCCCCAGACATGGCATTCCCCCGAATGAACAATATGAGCTTCTGGCTCCTCCCCCCCTCCCTCCTTCTC
CTCTTGGCTTCTTCAGGTGTCGAAGCGGGGGCGGGCACAGGTTGAACCGTCTACCCGCCTCTGGCGGGTAACCTAGCA
CATGCCGGGGCATCTGTTGACTTGACCATTTTCTCCCTTCACCTTGCCGGGATTTCCTCAATTCTGGGCGCCATTAAC
TTTATTACCACTATTATTAACATAAAACCCCTGCTGCCTCCCCCTATCAAACACCCCTGTTTGTGTGGGCCGTCCT
AATTACAGCAGTCCTCCTACTACTCTCACTACCAGTTCTTGCAGCTGGCATTACAATGCTTCTTACCGATCGAAACT
TAAATACTACATTCTTTGACCCCGCCGGGGGAGGAGACCCAATCCTTTATCAACACCTATTC

● 线粒体 DNA 12S rRNA 基因片段序列：CACCGCGGTTATACGAGAGGCCCAAGCTGATAGCCACCGGCGTAAAG
AGTGGTTAGGAAAAATTAAAACTAAAGCCGAATACCTTTGATGCTGTTATACGCGTTCAAACATAAGAAGCCCTGTC
ACGAAAGTAGCTTTACAAAATCTGAATCCACGAAAGCTCAGGGAA

玉 筋 鱼 60

分类地位

辐鳍鱼纲 Actinopterygii

鲈形目 Perciformes

玉筋鱼科 Ammodytidae

玉筋鱼属 *Ammodytes*

学名：*Ammodytes personatus* Girard，1856

英文名：Pacific sandlance

别名 / 俗名：太平洋玉筋鱼

形态特征　小型鱼类，常见体长100mm左右，最大可达150mm。体细长，稍侧扁。头长形。眼小，侧高位。眼间隔宽平，中央微凸。口大，斜形。上颌能伸缩，下颌较长，下颌下侧有1个大突起。上下颌及犁骨均无齿。鳃盖部无棘。鳃盖膜分离，与峡部不相连。有假鳃。体被小圆鳞，头部及鳍无鳞。侧线1条，直线形，位于体背缘。体侧有很多斜向后下方的横皮褶，皮褶之间为1横行小圆鳞；体腹侧自胸鳍基的前下方向后每侧有1条纵皮褶。背鳍1个，基底长，始于胸鳍后端的稍前方，无鳍棘，有54～59枚长短相似的鳍条，最后鳍条不伸达尾鳍基。臀鳍与背鳍相似，始于背鳍第29鳍条基的下方，位低。无腹鳍。尾鳍叉形。体侧淡绿色，背缘灰黑色，腹侧白色。背鳍鳍条的基部各有1个小黑点；尾鳍及胸鳍的基部淡灰黑色。

分布范围　西北太平洋，自日本濑户内海至琉球群岛；东北太平洋，自加利福尼亚南部至阿留申群岛西部。我国分布于渤海、黄海和东海。

生态习性　温带近海底栖鱼类，在沙底水域群栖。喜钻游沙内，夜间活动。主要摄食桡足类和磷虾等无脊椎动物。每年春季游向近岸产卵，一次完成，卵沉性。

条码序列

● 线粒体 DNA *CO I* 基因片段序列：GGTGCTTGAGCCGCTATAGTCGGGACAGCTTTAAGCCTCCTAATCCGAGCAGAACTGAGCCAGCCCGGCGCCCTTCTCGGGGACGATCAGATCTATAACGTTATTGTTACTGCGCATGCCTTCGTAATAATTTTCTTTATAGTAATGCCAATTATGATTGGGGGCTTCGGAAATTGACTTATCCCCTTAATAATTGGTGCCCCTGACATGGCATTCCCTCGAATAAACAACATGAGCTTCTGGCTCCTCCCTCCCTCCCTCTTACTCCTCCTTGCTTCATCTGGAGTAGAAGCTGGTGCTGGCACTGGATGAACCGTCTACCCCCCTCTAGCCGGAAACCTCGCCCACGCAGGTGCCTCTGTTGACCTCACAATCTTCTCCCTCCACCTCGCCGGTGTGTCCTCAATCCTTGGGGCAATCAACTTTATTACTACAATCATTAACATAAAACCTCCAGCTATCTCTCAATACCAGACCCCTCTATTTGTATGAGCCGTTCTTATCACGGCTGTTCTGCTTCTCCTCTCCCTCCCCGTCCTCGCAGCCGGTATTACCATGCTTCTGACAGACCGAAATTTAAACACCACTTTCTTTGACCCTGCAGGAGGAGGAGACCCCATTCTATACCAACATT

● 线粒体 DNA 12S rRNA 基因片段序列：CACCGCGGTTATACGAGAGGCCCAAGCTGATAGACCCCGGCGTAAAGAGTGGTTAAGGTAAACTTAAAACTAAAGCCGAACACCCTCACAGCTGTTATACGCACCCGAGAGTAAGAAGCCCAACTACGAAAGTGGCTTTACAACCCCTGAACCCACGAAAGCTATGACA

61 六丝钝尾虾虎鱼

学名：*Amblychaeturichthys hexanema*（Bleeker，1853）
英文名：Pinkgray goby
别名 / 俗名：钝尖尾虾虎鱼、六丝矛尾虾虎鱼

分类地位

辐鳍鱼纲 Actinopterygii

鲈形目 Perciformes

虾虎鱼科 Gobiidae

钝尾虾虎鱼属 *Amblychaeturichthys*

形态特征　小型鱼类，全长可达174mm。体延长，前部亚圆筒形，后部稍侧扁。头部宽而平扁。颊部微突，有4条水平状（纵向）感觉乳突线，无横列的感觉乳突和皮褶突起。吻圆钝。眼大，上侧位。眼间隔狭窄，中间稍凹入。鼻孔每侧2个，圆形。口大，斜裂，下颌稍突出。上颌骨后端向后伸达眼中部下方。上颌有2行尖形齿；下颌前部有3行齿、后部有2行齿，外行齿稍大，内弯，内行齿细小，尖锐。犁骨、腭骨、舌上均无齿。舌宽大，游离，前端截形。颏部有3对短小触须。鳃盖膜与峡部相连。有假鳃。鳃耙细弱。体被栉鳞，头部鳞小，颊部、鳃盖及项部均有鳞，吻部及下颌无鳞。背鳍2个，分离；第一背鳍起点在胸鳍基底后上方，有7枚鳍棘；第二背鳍后部鳍条平放时几伸达尾鳍基。臀鳍基底长，与第二背鳍相对、同形，起点在第二背鳍第五鳍条基下方。胸鳍尖圆，后端不伸达肛门。肩带内缘无长指状肉质皮瓣，但隐有2个颗粒状肉质皮突。左右腹鳍愈合成一吸盘。尾鳍尖长。体呈黄褐色，体侧有4～5个暗色斑块；第一背鳍前部边缘黑色，其余各鳍灰色。

分布范围　西北太平洋，自朝鲜半岛和日本北海道至琉球群岛。我国沿海均有分布。

生态习性　栖息于浅海及河口附近水域。以多毛类、小鱼、对虾、糠虾、钩虾等为食。1龄鱼即达性成熟，产沉性黏性卵。产卵期为4～5月。生长快，当年鱼体长可达67～113mm。

条码序列 ■ ■ ■ ■ ·····

● 线粒体 DNA *CO I* 基因片段序列：CCTCTACCTTGTGTTTGGTGCATGAGCCGGCATAGTGGGCACGGCCTTAAGC
CTTCTGATCCGAGCCGAACTAAGCCAACCCGGGGCACTCTTAGGGGATGACCAGATTTACAACGTAATCGTTACAGC
CCATGCCTTTGTTATAATTTTTTTTTATAGTTATACCCATCATAATTGGGGGCTTTGGGAATTGACTGGTCCCCCTAAT
AATTGGGGCCCCAGACATAGCCTTTCCCCGAATAAATAACATAAGTTTTTGACTTCTCCCACCATCATTCCTACTAC
TCCTCTCTTCTTCAGGCGTAGAAGCCGGGGCTGGTACCGGATGAACTGTTTACCCGCCCTTAGCAGGAAACCTTGCC
CATGCAGGGGCCTCTGTTGACTTAACAATTTTTTCCTTACACCTCGCCGGGATTTCATCTATTTTAGGGGCTATCAAC
TTTATCACGACTATTCTCAATATAAAACCCCCCGCAATAACACAGTACCAAACCCCTCTCTTTGTGTGGTCCGTTCT
AATTACAGCCGTACTCTTACTTTTATCTCTTCCTGTACTCGCTGCCGGCATTACCATGCTTCTCACAGATCGAAACT
TAAACACAACCTTCTTCGACCCTGCAGGAGGGGGAGACCCAATCCTTTACCAACACCTTTTC

● 线粒体 DNA 12S rRNA 基因片段序列：CACCGCGGTTATACGAGAGACTCGAGTTGACAAACGCCGGCGTAAA
ATGTGGCCAATATTCTATTTTACTAAAGCCAAACATCTTCAAGGCTGTTATACGCTTTCGAAGACAAGAGGCCCCAC
CACGAAAGTGGCTTTAAGTAGTAGGACCCCACGAAAACTAGGAAC

分类地位

辐鳍鱼纲 Actinopterygii

鲈形目 Perciformes

虾虎鱼科 Gobiidae

狼牙虾虎鱼属 *Odontamblyopus*

拉氏狼牙虾虎鱼 62

学名：*Odontamblyopus lacepedii*（Temminck & Schlegel，1845）

英文名：Lacepède's goby

别名 / 俗名：红狼牙虾虎鱼、盲条鱼、红尾虾虎

形态特征　小型鱼类，最大体长303mm。体颇延长，略呈带状，前部亚圆筒形，后部侧扁而渐细。头中大，侧扁，略呈长方形。头部及鳃盖部无感觉管孔。吻短，宽而圆钝，中央稍凸起。眼极小，退化，埋于皮下。眼间隔甚宽，圆凸。鼻孔每侧2个，分离。口小，前位，斜裂。齿长而弯曲，突出唇外。下颌突出，稍长于上颌，下颌及颏部向前、向下突出。上颌骨后端向后伸达眼后缘后方。舌稍游离，前端圆形。鳃孔中大，侧位。鳃盖上方无凹陷。峡部较宽。鳃耙短小而钝圆，有 5～7+12～13枚。鳞片退化，体裸露而光滑。无侧线。背鳍连续，起点在胸鳍基部后上方，有6枚细弱的鳍棘、38～40枚鳍条，后端有膜与尾鳍相连。臀鳍与背鳍鳍条部相对、同形，起点在背鳍第三、第四鳍条基下方，有1枚鳍棘、37～41枚鳍条，后部鳍条与尾鳍相连。胸鳍尖形，基部较宽，伸达腹鳍末端。左右腹鳍愈合成一尖长吸盘。尾鳍长而尖。椎骨34枚。体腔小，腹膜灰黑色。胃直管状。鳔小；胆囊大；肠短，约为体长的1/2。体呈淡红色或灰紫色，背鳍、臀鳍和尾鳍黑褐色。

分布范围　分布于西北太平洋，从朝鲜半岛和日本沿海至中国南海。我国沿海均有分布。

生态习性　为暖温性底栖鱼类，栖息于河口及沿海浅水滩涂区域，也生活于咸淡水交汇处、水深2～8m的泥或泥沙底质的海区。游泳能力弱，行动迟缓。生活力甚强而不易死亡。以浮游植物为食，也食少量哲镖水蚤、蛤类幼体、沙蚕等。

条码序列

● 线粒体 DNA *COI* 基因片段序列：CCCAATCTGGATTGTTGCTTGAGCTGGATGGTGGGCACAGCCCTAAGCCTACTAATTCGTGCTGAATTAAGTCAACCAGGAGCTCTCCTGGGTGATGACCAAATCTACAATGTAATTGTTACAGCTCATGCCTTTGTAATAATTTTCTTTATAGTAATGCCTGTCATAATTGGGGGGTTTGGAAACTGACTTGTCCCACTAATGATTGGGGCCCCAGACATGGCCTTCCCTCGAATAAATAACATAAGCTTCTGACTCCTCCCTCCCTCCTTTCTTCTCCTTTTAGCATCCTCTGGAGTAGAGGCTGGGGCAGGAACTGGATGAACAGTCTACCCTCCTCTTGCAGGAAATCTGGCACATGCTGGTGCTTCTGTCGACTTAACCATCTTTTCCCTCCACCTAGCTGGGGTCTCTTCCATCCTAGGAGCAATTAACTTTATTACAACAATTCTAAACATAAAACCTCCTGCCATCTCACAATACCAAACCCCTCTTTTTGTATGAGCTGTTCTAATTACAGCTGTTTTACTACTTTTATCTTTACCAGTCCTAGCTGCTGGCATTACAATATTACTTACAGACCGGAACTTAAATACAACTTTCTTTGACCCTGCAGGAGGAGGTGACCCCATCCTTTACCAACACCTATTCTGATTCTTCGGTCACCCCTGAAGTATAA

● 线粒体 DNA 12S rRNA 基因片段序列：CACCGCGGTTATACGAGGGGCCCAAGTTGACAAGCTAACGGCGTAAAAGTGGGTCGTATAATATAAAAACTAAAGCCAAACACCTTCAAAGTTGTTATACACTATGCGAAGGCAGGAAGTACTTCCACGAAAGTGACTTTAAACCTTACAACCCCACGAAAGCTAGGGAAA

63 小头栉孔虾虎鱼

学名：*Ctenotrypauchen microcephalus*（Bleeker，1860）
英文名：Comb goby
别名/俗名：小头副孔虾虎鱼

分类地位

辐鳍鱼纲 Actinopterygii

鲈形目 Perciformes

虾虎鱼科 Gobiidae

栉孔虾虎鱼属 *Ctenotrypauchen*

形态特征　小型鱼类，体长 90～120mm。体颇延长，侧扁；背缘、腹缘几乎平直，至尾端渐收敛。头短而高，侧扁，头后中央具一纵顶嵴，嵴边缘或具细弱的锯齿。头侧有许多分散的感觉乳突。吻短而钝，背缘斜向后上方。眼甚小，上侧位，在头的前半部。眼间隔狭窄，稍凸起。口小，前位，斜裂。下颌突出。上颌骨后端向后伸达眼后缘稍后方。齿短小，上下颌均无犬齿。舌游离。鳃盖上方有一凹陷。具假鳃。体被细弱圆鳞，头部、项部、胸部及腹部均裸露无鳞。无背鳍前鳞。无侧线。背鳍连续，鳍棘较硬，与鳍条部相连，起点位于胸鳍基部后上方，后部鳍条与尾鳍相连。臀鳍起点在背鳍第六、第七鳍条基下方，约与背鳍鳍条部等高，后部鳍条与尾鳍相连。胸鳍短小，上部鳍条较长。腹鳍小，左右腹鳍愈合成一吸盘，边缘不完整，后缘具一缺刻。尾鳍尖圆。肛门与背鳍第五鳍条基相对。体略呈淡紫红色，幼体呈红色。

分布范围　印度-西太平洋，从南非经印度沿海至菲律宾海域，北至朝鲜半岛和日本。我国沿海均有分布。

生态习性　近岸底层鱼类，常栖息于浅海和河口附近，可在泥底筑穴，主要以等足类、桡足类、多毛类、小鱼和小虾为食。生长快，1龄鱼可达性成熟，产卵期7～8月。

条码序列 ■ ■ ■ ■ ·······································

● 线粒体 DNA *CO I* 基因片段序列：CCTATATCTGATCTTCGGAGCCTGGGCAGGAATAGTGGGGACCGCTCTGAG
CCTCCTCATCCGAGCCGAACTTAGTCAGCCCGGCGCCCTCCTTGGAGACGACCAAATCTATAACGTTATCGTTACTG
CGCACGCCTTCGTAATAATCTTCTTCATGGTTATGCCAATCCTAATTGGCGGGTTTGGAAACTGGCTCATCCCACTTA
TGATCGGAGCCCCAGACATGGCCTTCCCTCGAATAAACAACATGAGCTTCTGGCTGCTCCCGCCCTCCTTCCTCCTC
CTCCTAGCCTCTTCTGGAGTCGAAGCGGGGGCCGGGACCGGTTGAACTGTTTACCCCCCTCTTGCCGGTAATCTAGCG
CATGCGGGGGCTTCTGTAGACCTCACCATCTTCTCCCTCCACCTTGCCGGAATTTCTTCTATTTTAGGGGCAATCAAC
TTCATCACAACCATTATTAACATGAAGCCCCCTGCCATCTCTCAGTACCAAACACCACTGTTCGTCTGATCCGTCCT
CATTACTGCCGTCCTCCTGCTACTTTCCCTGCCAGTCCTAGCTGCTGGCATCACTATACTTCTGACAGACCGAAACC
TAAACACCACCTTCTTCGACCCTGCAGGAGGAGGGGACCCCATCTTGTACCAGCACCTGTTC

● 线粒体 DNA 12S rRNA 基因片段序列：CACCGCGGTTATACGAGAAGCCCAAGTTGACAAGCCAACGGCATAA
AAAGTGGTTAGTATCTTATTTAACTAAAGCCAAACACCTTCAAAGTCGTCATACACTACTGAAGGAGGGGAAGTTCCC
CCACGAAAGTGGCTTTAAACTATACAACCCCACGAAAGCTAGGAAA

分类地位

辐鳍鱼纲 Actinopterygii

鲈形目 Perciformes

魣科 Sphyraenidae

魣属 *Sphyraena*

日本魣 64

学名：*Sphyraena japonica* Bloch & Schneider，1801

英文名：Japanese barracuda

别名 / 俗名：日本金梭鱼

形态特征　中小型鱼类，常见体长约300mm，最大可达350mm。体细长，近圆筒形。头长，背视呈三角形。头顶自吻向后至眼间隔处有2对纵嵴。吻尖长。眼大，侧位而高。鼻孔每侧2个，位于眼的前上方；前鼻孔圆形，后鼻孔较大，覆有薄膜。口端位，口裂略倾斜，下颌突出。上下颌与腭骨均有齿；上颌前端有2对犬齿，两侧各有一列细小的齿带；腭骨有一纵行尖锐犬齿。舌狭长，游离，有绒毛状细齿。鳃孔宽大。鳃盖膜分离，不连于峡部。鳃盖条7枚。假鳃发达。鳃盖骨后上方有5枚扁棘。鳃耙退化。体被小圆鳞。侧线上侧位，末端伸达尾鳍基；侧线鳞118～125枚。背鳍2个，相隔甚远；第一背鳍有5枚鳍棘，均可纳入背沟中；第二背鳍有10枚鳍条；胸鳍短小，末端不达腹鳍基底；腹鳍腹位，始于第一背鳍起点之后；臀鳍有2枚鳍棘、8枚鳍条；尾鳍分叉。体背侧暗褐色，腹部银白色；背鳍和胸鳍淡灰色；尾鳍暗褐色。

分布范围　西太平洋，自日本南部至中国南海。我国分布于东海和南海。

生态习性　暖温性鱼类，栖息于开放水域近岸海区，单独或小群活动。游泳能力强、速度快，活动范围广。性凶猛，肉食性，主要以鱼类为食。

条码序列

● 线粒体 DNA *CO I* 基因片段序列：CCTCTATCTACTCTTTGGTGCCTGGGCAGGCATGGTAGGTACAGCACTAAGCCTACTCATTCGAGCTGAGCTAAGCCAACCAGGCTCTCTTCTAGGAGACGATCAGATTTATAATGTAATCGTAACAGCACATGCATTCGTAATAATCTTTTTTATGGTGATGCCAATTATGATTGGAGGTTTCGGAAACTGACTCATTCCTCTGATAATTGGTGCCCCGACATGGCCTTCCCACGAATAAACAACATGAGTTTCTGACTCCTCCCTCCGTCTTTTCTCCTGCTGCTTTCTTCCTCAGCAGTCGAAGCAGGTGCAGGTACAGGATGAACAGTTTACCCCCCTCTATCAGCAAACCTAGCCCACGCAGGAGCATCCGTTGATCTTACGATCTTTTCCCTCCACCTTGCTGGTATCTCCTCAATTTTAGGAGCCATTAACTTTATTACCACAATCGTTAATATGAAGCCAGCAATCACTTCGATATACCAAATTCCCCTGTTTGTCTGAGCCGTCCTTATCACCGCTGTTCTCCTCCTCTCACTCCCTGTCTTGGCTGCCGGAATTACAATACTTTTGACTGACCGAAACCTAAATACTGCCTTTTTTGACCCCGCAGGAGGAGGAGACCCCATCTTGTACCAGCATCTCTTC

● 线粒体 DNA 12S rRNA 基因片段序列：CACCGCGGTTATACGAGAGACCCAAGTTGATAGCTGATGGCGTAAAGCGTGGTTAGGGGCACAGAGGAATAAAGTCGAAGGCTCTCTAGGCTGTTTAACGCTAACCGAGAGTATGAAGCTCGATTACGAAAGTAGCTTTATTACACCTGATCCCACGAACGCTGAGAAA

65 油 鲟

学名：*Sphyraena pinguis* Günther，1874
英文名：Red barracuda
别名 / 俗名：油金梭鱼

分类地位

辐鳍鱼纲 Actinopterygii

鲈形目 Perciformes

鲟科 Sphyraenidae

鲟属 *Sphyraena*

形态特征　中小型海洋鱼类，体长最大可达500mm。体细长，近圆筒形。头顶自吻向后至眼间隔处有2对纵嵴。吻尖长。眼大，侧位而高。鼻孔每侧2个，后鼻孔较大，覆有薄膜。口端位，口裂大，略倾斜，下颌突出。上下颌与腭骨均有齿；上颌前端有2对犬齿，两侧各有一列细小的齿带；腭骨有一纵行的尖锐犬齿。舌狭长，游离，有绒毛状细齿。鳃孔宽大。鳃盖膜分离，不连于峡部。鳃盖条7枚。假鳃发达。鳃盖骨后上方有5枚扁棘。鳃耙退化。体被小圆鳞。侧线上侧位，末端伸达尾鳍基；侧线鳞88～92枚。背鳍2个，相隔甚远；第一背鳍有5枚鳍棘，均可纳入背沟中；第二背鳍有1枚鳍棘、9枚鳍条。胸鳍末端超过腹鳍基底。腹鳍亚胸位，始于第一背鳍起点之前。臀鳍有2枚鳍棘、9枚鳍条。尾鳍分叉。体背侧暗褐色，腹部银白色；第一背鳍上部的鳍膜呈黑色；体侧有1条暗色的细纵带。

分布范围　西北太平洋，自日本南部至中国南海北部。我国分布于黄海、渤海、东海和南海。

生态习性　暖温性鱼类，栖息于近岸泥质、砂泥质或岩石底质的海区，常形成大的鱼群。为凶猛的肉食性鱼类，主要以鱼类为食。

条码序列　■■■■

● 线粒体 DNA *CO I* 基因片段序列：TTAGCCTACTCATTCGTGCCGAATTAAGCCAACCTGGCTCTCTCCTAGGGG
ATGACCAAATCTATAACGTCATCGTCACAGCCCACGCCTTCGTGATAATCTTCTTCATAGTCATGCCCATTATGATT
GGAGGCTTCGGTAACTGACTCATCCCCCTAATAATCGGAGCCCCAGACATAGCATTCCCTCGAATGAACAATATGAG
CTTCTGACTTCTACCACCCTCATTCCTTCTCCTCCTTGCCTCTTCGGCCGTAGAAGCAGGGGCAGGAACGGGCTGAAC
TGTTTACCCCCCTTTAGCCGGCAACTTAGCTCACGCAGGGGCATCAGTTGACCTAACCATCTTCTCCCTTCATCTTGC
GGGCATCTCCTCTATTCTTGGGGCAATTAACTTTATTACCACCATTATTAATATAAAACCACCATCCACAACCATGT
ATCAAATCCCACTATTTGTGTGGGCAGTACTAATCACTGCTGTGCTTCTACTGCTTTCTCTGCCTGTGCTGGCTGCGG
GGATTACAATACTATTGACAGATCGAAACCTAAACACAGCCTTCTTTGACCCCGCTGGCGGAGGGGACCCCATTCTT
TACCAGCATTTATTCTGATTC

● 线粒体 DNA 12S rRNA 基因片段序列：CACCGCGGTTATACGAGAGGCCCAAGTTGACAACCGACGGCGTAAAG
CGTGGTTAGGGGAAATATAAACTAAAGCCGAACGCCCCCAATGCTGTCTAATGCTTCGAGGGTATGAAGAACATCGA
CGAAAGTGGCTTTATGACACCTGAACCCACGAAAGCTGGGAAA

带鱼属 *Trichiurus*

分类地位

辐鳍鱼纲 Actinopterygii

鲈形目 Perciformes

带鱼科 Trichiuridae

带鱼属 *Trichiurus*

带 鱼 66

学名：*Trichiurus japanicus* Temminck & Schlegel，1844

英文名：Japanese hairtail

别名 / 俗名：日本带鱼、高鳍带鱼

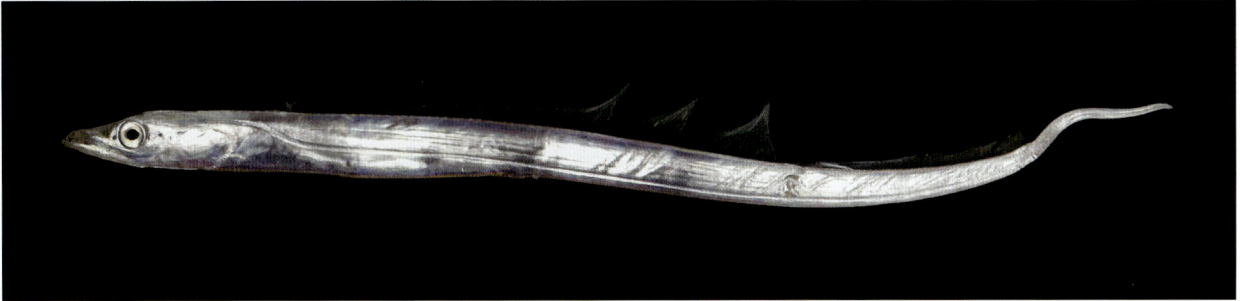

形态特征　大型海洋鱼类，全长可达1.23m。体延长呈带状，侧扁；尾部细长，鞭状，尾长为眼后头长的 2.5 ～ 3.1倍。肛长为全长的1/3。头侧视呈三角形倾斜，背视宽平。吻尖长。眼中等大小，高位。鼻孔1个。口大，平直。齿强大，侧扁而尖，排列稀疏。鳃孔宽大。有假鳃。鳞退化；侧线在胸鳍上方显著下弯，沿腹缘伸达尾端。背鳍长，伸达尾端，有125 ～ 145枚鳍棘；臀鳍由分离的小棘组成，仅尖端外露；胸鳍低位，短而尖；无腹鳍；尾鳍消失。幽门盲囊18 ～ 27个。体呈银白色；背鳍灰白色；尾端黑色。

分布范围　西北太平洋。我国沿海均有分布。

生态习性　暖温性中底层鱼类，栖息于泥或泥沙底质、水深20 ～ 150m或更深的大陆架沿岸海域。喜集群，有洄游习性。喜弱光，有昼夜垂直分布习性，白天至深水层，黄昏和夜间至清晨上游至表层。极贪食，成鱼主要以鱼类为食，兼食头足类和甲壳类。

条码序列 ■ ■ ■ ■ ···

● 线粒体 DNA *CO I* 基因片段序列：TCTACTTAGTATTTGGTGCATGAGCCGGAATGGTAGGCACAGCCTTAAGCC TTCTTATCCGCGCAGAGCTAAGCCAACCAGGCTCCCTCCTGGGCGATGACCAAATTTATAATGTTATCGTCACAGCC CATGCCTTCGTGATAATTTTCTTTATAGTAATACCAATCATGATTGGAGGGTTCGGAAACTGACTTATTCCCCTGATG ATTGGGGCCCCTGACATGGCATTCCCTCGAATGAATAACATAAGCTTCTGGCTTCTACCCCCTTCTTTCCTCCTCCTT CTAGCCTCTTCCGGAGTTGAAGCAGGGGCCGGAACTGGTTGAACCGTCTACCCCCCATTAGCCGGCAACCTAGCACA CGCAGGCGCATCAGTTGACTTAACCATCTTTTCCCTCCATTTAGCAGGAATTTCTTCCATCTTAGGCGCCATTAACT TTATTACAACCATTCTGAACATGAAGCCTGCTGCCATCACCCAATTTCAGACCCCTCTGTTCGTGTGATCAGTGCTA ATTACAGCTGTCCTTCTACTTCTTTCCCTACCAGTTCTTGCAGCCGGAATTACAATGCTTCTAACTGACCGCAATCTT AACACTACATTCTTTGACCCCGCGGGAGGAGGAGACCCAATCTTATACCAGCACTTATTT

● 线粒体 DNA 12S rRNA 基因片段序列：TTGCATAAGTTAATGGTGGAAACCATACGACTCGTTACCCAGCAAGC CGAGCGTTCACTCCATCGGGCAAGGGGTGTCTTTTTTTTGTCTTCCTTTCACTTGACATTTCAGAGTGCACCCAGTAA TGTACAATAAGGTAGAACATTTTCTTGGTTGGATAAATAATAGTGAATGTTGAAAAGACTTTGACAGAAGGTTTGCA TAACTGATATCAAGAGCATAATGATATGTTCCAATGGTTCTTTCCTACTGAGTGCCCCTTTGAGGTTTCTCGACGTT AAACCCCCCTACCCCCCTAAACTCCAGAGTTACTTATGGTCCTGCAAACCCCGAAAACAGGAAGAACCCCGGACGT TACAAGCCCTATCATAAAAGCGTTCTTTACAGTATTGTATACAGTATTGTATATAATATTGCACACTATTGCTAAT GTAGCTTAAACAAAGCATACCACTGAAGATGGTAAGATAGGCCCGAATAAGGCCCCAATAGCACAAAAGTTTGGTC CTGGCTTTTCTGTCAGCTCT

67 小 带 鱼

分类地位

辐鳍鱼纲 Actinopterygii

鲈形目 Perciformes

带鱼科 Trichiuridae

小带鱼属 *Eupleurogrammus*

学名：*Eupleurogrammus muticus*（Gray，1831）

英文名：Smallhead hairtail

别名 / 俗名：小头带鱼

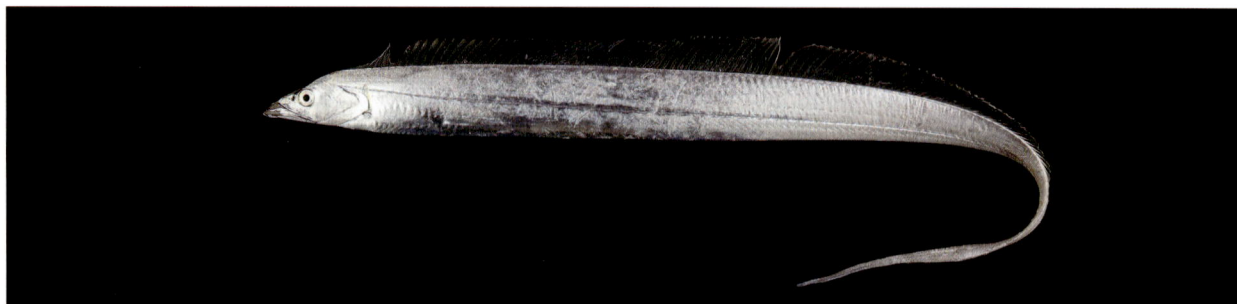

形态特征　中小型鱼类，最大体长870mm。体延长，侧扁，呈带状，背缘和腹缘几近平行，体躯中部近肛门处较宽大，尾向后渐细，鞭状。头窄长，侧扁，前端尖突，侧视三角形，倾斜，背面圆凸。吻尖长。眼中大，上侧位，位于头的前半部。鼻孔每侧一个，较小，长圆形，具一小鼻瓣，位于眼前缘。口大，略呈弧形。下颌向前突出。舌尖长，游离。鳃孔宽大。鳃盖骨后缘尖长。鳃盖膜不与峡部相连。具假鳃。鳃耙4 ～ 6+8 ～ 11枚，细小，排列稀疏。肛门位于体的前中部。鳞退化。侧线在胸鳍上方不显著下弯，几呈直线状，沿体中部后行，伸达尾端。背鳍基底长，起点在前鳃盖骨上方，沿背缘伸达尾端，具123 ～ 130枚鳍棘，体中部的鳍棘最长，约等于体高的3/4。臀鳍起点在背鳍第34 ～ 36鳍棘下方，起点处无鳞片状突起，完全由分离小棘组成，仅尖端外露。胸鳍小，基部平横，鳍条斜向上方。腹鳍退化，具一对很小的鳞片状突起。尾鳍消失。体腔中大，无鳔，腹膜白色。体银白色，尾暗色。各鳍浅灰色。

分布范围　印度-西太平洋，从波斯湾、印度、斯里兰卡至马来西亚、印度尼西亚、泰国湾，北至朝鲜半岛南部。我国沿海均有分布。

生态习性　暖温性近海中下层鱼类，夜间至上层活动。通常栖息于沿岸浅海、河口附近。摄食虾、蟹和小鱼，也食等足类和端足类。

条码序列　■■■■ ∙∙

● 线粒体 DNA *CO I* 基因片段序列：AGTATTTAGTGTATGGTGCGTGAGCTGGATAAGTTGGCACAGCATTAAGCCTTCTTATTCGAGCAGAATTAAGTCAGCCCGGCCCCTTCCTTGGGGATGACCAAATTTATAATGTCATTGTTACAGCACATGCCTTCGTTATGATTTTCTTCATAGTTATACCTATTATAATTGGAGGCTTCGGGAACTGGCTGGTGCCTCTAATAATTGGTGCACCTGACATGGCCTTTCCGCGGATGAACAACATGAGCTTTTGACTCCTCCCACCCTCCTTTATTTTGCTTCTAGCCTCCTCTGGTGTTGAAGCAGGAGCAGGCACTGGTTGGACAGTGTACCCCCCTTTGGCAAGCAACCTAGCCCACGCAGGGGCTTCTGTTGACTTAACAATTTTTTCCCTCCATTTAGCAGGAATCTCTTCAATCATTGGGAGCTATTAACTTTATTACAACAATTATTAATATAAAACCTATAGCTACCTCACAATTCCAGACACCTCTTTTTGTCTGATCTGTTCTGATCACAGCTGTCCTTCTGCTCCTGTCCTTACCCGTTCTTGCAGCTGGAATTACTATGCTTCTTACAGAGCGAAACCTAAATACCTACATTCTTTGACCCTGCAGGAGGAGGTGACCCAATTCTCTACCAACACCTATTT

● 线粒体 DNA 12S rRNA 基因片段序列：CACCGCGGTTGAGACGGGGAGACTCAAGTTGATAACCTTCGGCGTAAAGCGTGGTTAGGGTAATCCCAAAATTAAAGCCAAGCGCCTTTTAGACCGTTAAAAGTATATTAAGGTAAGAAGCTCGTTTACGAAAGTAGCTTAATCACCCCCGATTCCACGAAAGCTAAGGCA

分类地位

辐鳍鱼纲 Actinopterygii

鲈形目 Perciformes

带鱼科 Trichiuridae

沙带鱼属 Lepturacanthus

沙带鱼 68

学名：*Lepturacanthus savala*（Cuvier，1829）

英文名：Savalai hairtail

别名 / 俗名：珠带鱼

形态特征　中小型鱼类。常见体长700mm左右，最大可达1m。体甚延长，侧扁，呈带状；尾极长，向后渐变细，末端呈细长鞭状。头窄长，头背面斜直或略突起，前端尖锐，吻尖长；左右额骨分开。眼中大，虹彩白色。口大，平直；下颌长于上颌；齿发达锐利，侧扁而尖，排列稀疏，上颌前端有2对倒钩状大犬齿；下颌倒钩状齿少于尖形齿。鳃孔宽大。鳃盖膜不与峡部相连。鳃耙短小，不发达，有2～4+3～7枚。鳞退化；侧线在胸鳍上方显著向下弯，而后沿腹缘至尾端。背鳍起始于后头部延伸至尾端，肛门前背鳍34～35个。臀鳍完全退化且棘状化，通常不被埋没，直接可观察到。胸鳍短，末端可达侧线上方。无尾鳍与腹鳍。体银白色；背鳍及胸鳍浅灰色，新鲜鱼体具宽黑缘，较大型者不显著；尾端呈黑色。

分布范围　印度-西太平洋，自印度和斯里兰卡至南亚，北至中国海域，南至新几内亚和澳大利亚北部海域。我国分布于黄海、东海和南海。

生态习性　暖温性中下层鱼类，栖息于沿岸水域，夜间常游至水体上层。有洄游习性。以各种小鱼和小型甲壳类为食。

条码序列 ■■■■ ···

● 线粒体 DNA *CO I* 基因片段序列：CCTTTACTTAGTATTTGGTGCATGAGCCGGAATAGTAGGCACAGCTTTAAGC
CTTCTTATCCGAGCAGAACTGAGCCAACCAGGCTCCCTCCTGGGAGACGACCAAATTTATAATGTAATTGTTACAGC
TCATGCTTTCGTAATAATTTTCTTTATAGTCATGCCAGTCATGATTGGAGGGTTTGGAAACTGACTCATCCCCTTAAT
GATTGGGGCCCCTGACATAGCCTTCCCACGAATAAACAACATAAGCTTCTGACTTCTACCCCCCTCTTTTCTTCTTC
TGCTAGCCTCCTCTGGGGTTGAAGCAGGCGCCGGAACTGGCTGAACAGTGTACCCCCCACTAGCCGGCAACCTGGCT
CACGCAGGAGCATCAGTTGACCTGACCATTTTTTCACTCCACTTAGCAGGAATTTCCTCCATTCTAGGGGCCATTAA
TTTTATTACAACTATTCTTAATATAAAACCTGCAGCCATCACCCAATTCCAAACCCCCCTGTTTGTCTGATCAGTCT
TAATTACAGCCGTCCTTCTACTTCTATCCCTCCCAGTTCTAGCGGCTGGTATTACGATACTCCTGACCGACCGCAATT
TGAATACCACATTCTTTGACCCCGCAGGAGGAGGAGACCCTATTCTATACCAACACTTA

● 线粒体 DNA 12S rRNA 基因片段序列：CACCGCGGTGATACGAGAAGGCTCAAGCTGACAGCCCCCGGCGTAAA
GCGTGGTTAGGGCACATTTAAATTAAAGCCGAACACCCCTTAGGCAGTTAAAAGCTTATAGAGGGATGAAGCCCACT
TACGAAAGTAGCTTTATTTTTTCCTGAACCCACGAAAGCTAAGAAA

69 日 本 鲭

学名：*Scomber japonicus* Houttuyn，1782
英文名：Chub mackerel
别名 / 俗名：鲐、鲐鱼、白腹鲭

分类地位

辐鳍鱼纲 Actinopterygii

鲈形目 Perciformes

鲭科 Scombridae

鲭属 *Scomber*

形态特征　中小型鱼类，叉长一般为 330 ～ 370mm、体重 500 ～ 700g。体呈纺锤形，稍侧扁，背缘和腹缘浅弧形；尾柄细短，横切面近圆形，在尾鳍基部两侧各具 2 条小隆起嵴。头中大，稍侧扁。吻稍尖。眼大，位近头的背缘，具发达的脂眼睑。鼻孔每侧 2 个，分离，前鼻孔小，圆形，后鼻孔裂缝状。口大，前位，斜裂。上下颌约等长。上颌骨完全被眶前骨遮盖，后延伸达眼中部下方。上下颌各有一行细齿，犁骨和腭骨均有齿，舌光滑无齿。鳃孔宽大。前鳃盖骨及鳃盖骨后缘均无锯齿。鳃盖膜分离，不与峡部相连。鳃耙细长。肛门位于臀鳍前方。体被细小圆鳞，胸部鳞片较大。头部除后头、颊部、鳃盖被鳞外，余均裸露。侧线完全，上侧位，沿体侧上半部呈波状向后伸达尾鳍基。背鳍 2 个，相距较远，第一背鳍由 9 ～ 10 枚细弱鳍棘组成，第二背鳍后方有 5 个分离小鳍。臀鳍前方有 1 个独立的小棘，后方有 5 个分离的小鳍。胸鳍短小，上侧位。腹鳍胸位，约与胸鳍等长，有一个腹鳍间突，甚小，呈鳞片状。尾鳍深叉形。体背部青黑色，有深蓝色不规则斑纹，斑纹延续至侧线下方，但不伸达腹部，侧线下部无蓝黑色小圆斑。腹部银白色微带黄色，头顶部黑色。

分布范围　广泛分布于印度 - 太平洋温带海域。我国分布于黄海、东海和南海。

生态习性　为大洋暖水性中上层鱼类。游泳能力强、速度快，好群游，有洄游习性。具趋光性，有垂直移动现象。生殖季节常结成大群到水面活动。以浮游甲壳类及小型鱼类为主食。

条码序列　■ ■ ■ ■ ···

● 线粒体 DNA *CO I* 基因片段序列：CTCTACCTAGTATTCGAGTGCATGAGCTGGAATAGTTGGCACGGCCTTAAG CTTGCTTATCCGAGCTGAACTAAGTCAACCAGGGTCCCTTCTCGGCGACGACCAAATCTACAACGTAATTGTTACGG CCCACGCCTTCGTTATAATCTTCTTTTTAGTAATGCCAGTTATGATTGGAGGGTTCGGAAACTGACTGATCCCCCTAA TGATCGGAGCCCCCGACATGGCATTTCCCCGAATAAATAACATAAGCTTCTGACTTCTACCCCCCTCTCTCCTGCTG CTCCTGTCTTCTTCGGCAGTTGAAGCCGGTGCCGGAACTGGCTGAACAGTTTATCCTCCCCTCGCTGGGAACCTGGCA CACGCCGGGGCATCAGTTGATTTAACCATCTTCTCACTCCACCTAGCAGGTGTTTCCTCAATCCTTGGGGCCATTAAC TTCATCACAACAATCATTAACATAAAACCTGCAGGTGTGTCCCAATACCAAACCCCTCTGTTCGTCTGAGCAGTCCT AATTACAGCTGTCCTTCTCCTTCTATCCCTACCAGTTCTTGCTGCCGGCATTACAATGCTCCTAACAGACCGAAATC TAAATACTACCTTCTTCGACCCTGGAGGAGGGGGAGACCCCATTCTTTACCTACACCTCTTC

● 线粒体 DNA 12S rRNA 基因片段序列：TGTCGGTAAAACTCGTGCCAGCCACCGCGGTTATACGATAGGCCCAA GTTGACAGACCCCGGCGTAAAGCGTGGTTAGGGAAAACTCAAAACTAAAGCCGAATATCTTCAGGGCAGTTATACGC TTCCGAAGACACGAAGCCCTTCCACGAAAGTGACTTTATTACCCCCGACCCCACGAAAGCTAGGACA

分类地位

辐鳍鱼纲 Actinopterygii

鲈形目 Perciformes

鲭科 Scombridae

马鲛属 Scomberomorus

蓝点马鲛 70

学名：*Scomberomorus niphonius*（Cuvier，1832）

英文名：Japanese Spanish mackerel

别名 / 俗名：马鲛鱼、鲅鱼

形态特征 大型鱼类，大鱼体长可超过1m，体重达8kg。体延长，侧扁。头中大，背面圆凸，两侧平坦。吻长，尖突。眼较小，上侧位。眼间隔宽凸，大于眼径。鼻孔每侧2个。口大，前位，斜裂。上下颌约等长。上下颌齿强大，侧扁，尖锐。鳃孔大。鳃盖膜不与峡部相连。鳃耙较长，排列稀疏。体被细圆鳞，侧线鳞较大，腹侧大部分裸露无鳞；头部除后头部和鳃盖后上角具鳞外，其余部分裸露。第二背鳍、臀鳍、胸鳍、腹鳍均被细鳞。侧线1条，完全。背鳍2个，第一背鳍有19～20枚鳍棘、15～16枚鳍条，第二背鳍短，后方具9个分离小鳍。臀鳍与第二背鳍同形，后方具8～9个分离小鳍。胸鳍较短，宽镰状。腹鳍小，位于胸鳍基底下方。尾鳍深叉形。体背侧蓝黑色，腹部银灰色。沿体侧中央具数列黑色圆形斑点。背鳍黑色。腹鳍、臀鳍黄色。胸鳍浅黄色，边缘黑色。尾鳍灰褐色，边缘黑色。

分布范围 西北太平洋，从中国的亚热带和温带海域至日本海。我国分布于渤海、黄海、东海和南海北部海域。

生态习性 近海暖水性中上层鱼类。肉食性凶猛鱼类，主要以鳀等小型鱼类为食。喜集群，有洄游习性，行动敏捷，善于长距离游泳。产卵场多位于沿岸的港湾和河口。

条码序列 ■ ■ ■ ■ ....

● 线粒体 DNA *CO I* 基因片段序列：CCTCTATCTAGTATTTGGTGCTTGAGCTGGAATAGTCGGCACCGCCCTGAGC
CTACTAATTCGAGCCGAACTAAGTCAACCCGGGGCCCTCTTAGGAGACGACCAAATTTATAATGTCATTGTTACAGC
GCATGCTTTCGTAATAATTTTTCTTTATAGTAATGCCAGTAATAATTGGAGGTTTTGGCAATTGACTAGTACCCTTAAT
AATTGGAGCCCCTGACATAGCATTCCCACGAATAAATAACATGAGCTTTTGACTGCTCCCCCCCTCATTTTTACTCC
TTTTAGCCTCCTCAGGGGTTGAAGCTGGGGCGGGAACAGGATGAACTGTCTATCCCCCTTTAGCCGGAAACCTTGCTC
ATGCAGGGGCCTCCGTAGACCTAACAATTTTTTCTCTTCACCTTGCAGGAGTTTCATCAATCCTGGGAGCAATTAAC
TTCATTACTACAATTATTAATATAAAACCCCCAGCGATTACACAATATCAAACACCACTTTTCGTATGATCTGTTCT
GGTAACAGCAGTTCTTCTACTCCTATCCCTACCAGTTCTTGCTGCAGGAATTACGATGCTCCTCACAGACCGAAACT
TGAACACAACATTCTTTGACCCCGCAGGAGGAGGAGACCCAATTCTCTACCAACACCTATTC

● 线粒体 DNA 12S rRNA 基因片段序列：CACCGCGGTTATACGAGAGGCCCAAGTTGACAACCACCGGCGTAAAG
CGTGGTTAAGATATAATCAAAACTAAAGCCGAATGTCTTCAAGGCAGTCATACGCTTCCGAAGACACGAAGCCCCAC
CACGAAAGTGGCTTTAACAATCCCTGAACCCACGAAAGCTAGGACAGA

71 刺鲳

学名：*Psenopsis anomala*（Temminck & Schlegel，1844）
英文名：Pacific rudderfish
别名/俗名：海蜇眼睛、巴朗

分类地位
辐鳍鱼纲 Actinopterygii
鲈形目 Perciformes
长鲳科 Centrolophidae
刺鲳属 *Psenopsis*

形态特征　中小型鱼类，一般体长在200mm左右。体卵圆形，侧扁，尾柄短。背腹面皆钝圆。头较小，侧扁而高。吻短，钝圆。眼中等大，侧位，距吻端较距鳃盖后上角为近。眼间隔宽，凸起。鼻孔2个，紧相邻，前鼻孔小，圆形；后鼻孔裂缝状。口小，微倾斜，上下颌骨等长。上颌骨后端达眼前缘下方。两颌各具细齿一行，排列紧密。犁骨、腭骨及舌上无齿。前鳃盖骨边缘平滑。鳃盖骨无棘。鳃孔大，具假鳃。鳃耙甚细，5～7+12～14枚，排列稀疏。体被薄圆鳞，极易脱落，头部裸露无鳞。背鳍、臀鳍及尾鳍基底被细鳞。侧线完全，与背缘平行。背鳍2个，紧相连；背鳍鳍棘部有独立短小棘6～9枚；有28～31枚鳍条。臀鳍有3枚鳍棘、25～26枚鳍条。胸鳍中等大。腹鳍始于胸鳍基前下方，可折叠于腹部凹陷内。成鱼尾鳍分叉。体背部青灰色，腹部色较浅。在鳃盖后上角有一黑斑。各鳍浅灰色。

分布范围　西太平洋，自日本至中国南海。我国分布于东海和南海北部海域。

生态习性　暖温带近海鱼类，主要栖息于沙及沙泥底质海域，水深30～60m。幼鱼成群漂流在表层，有时还躲在水母的触须里，靠水母保护，成鱼转入底层，晚上至表层觅食，以浮游生物及小型鱼类、甲壳类为食。

条码序列 ■ ■ ■ ■ ·······················

● 线粒体DNA *CO I* 基因片段序列：CCTATACCTAGTGTTTGGGGCATGAGCAGGAATGGTGGGTACGGCTCTAAGC
CTACTCATCCGAGCTGAACTAAGCCAACCAGGTGCCCTCCTTGGGGACGATCAAATCTATAATGTAATTGTTACAGC
CCATGCCTTTGTAATGATTTTCTTTATAGTCATACCCATCATAATTGGAGGCTTCGGGAATTGACTCATTCCCCTAA
TACTTGGGGCCCCTGATATAGCATTCCCTCGTATAAATAACATAAGCTTTTGGCTATTACCCCCCTCCTTCCTCCTA
CTTCTGGCTTCTTCTGGGGTGGAGGCAGGGGCCGGAACTGGTTGAACAGTGTACCCCCCTCTAGCCGGAAACCTAGCC
CACGCCGGAGCATCCGTTGACTTAACTATTTTTTCTTTACATTTAGCAGGGATCTCCTCAATTCTTGGGGCTATTAAT
TTTATCACAACAATTATCAATATGAAGCCTGCAGCCGTTTCCCAATACCAAACACCACTATTCGTTTGAGCTGTGTTT
AATTACAGCCGTGCTACTTCTATTGTCTTTACCCGTTCTTGCTGCTGGAATTACAATACTACTGACAGATCGAAACC
TAAACACAACTTTCTTTGACCCTGCAGGGGGTGGCGATCCAATTCTCTACCAACACCTTTTC

● 线粒体DNA 12S rRNA 基因片段序列：TACCGCGGTTACACGAGAGGCTCGAGTTGACAGACATCGGCGTAAAG
GGTGGTTAGGGGGTAATTCTCAAACTAAAGCCAAACGCCTTCAAAGCAGTCCGAATGCATTCGAAGGTATGAAGCNC
GACCACGAAAGTGGCTTTATGACTCCTGAATCCACGAAAGCCTAAGAAA

分类地位

辐鳍鱼纲 Actinopterygii

鲈形目 Perciformes

双鳍鲳科 Nomeidae

方头鲳属 *Cubiceps*

怀氏方头鲳 72

学名：*Cubiceps whiteleggii*〔Waite，1894〕

英文名：Shadow driftfish

别名 / 俗名：鳞首方头鲳、银影玉鲳

形态特征　小型鱼类，常见体长150mm左右，最大体长210mm。体延长，侧扁。腹部轮廓弯曲。尾柄较高，侧扁，无盾板或龙骨。眼大，位于头部上半部的中央；眼径几乎等于吻长，略小于眼间距。有低嵴延伸至眼上方。吻圆钝，额略拱起。口小，端位或略下位，口裂略达眼前缘。上颌不伸长，闭口时几乎完全被眶前骨覆盖。颌齿小，仅排列成1行；腭齿较延长，排列成1行；犁齿簇很小；口底中线及舌的中线处各有1行小齿。左右鳃膜愈合，但不与峡部相连。有假鳃。体被圆鳞，极易脱落；颊部有6～7列鳞片；头顶有鳞，前部的鳞片较小，后部鳞片较大；侧线完全，侧线鳞52～56枚。背鳍始于胸鳍基上方，第一背鳍有10～11枚鳍棘，第二背鳍有1枚鳍棘、18～20枚鳍条；臀鳍有3枚鳍棘、18～19枚鳍条；尾鳍深叉形。脊椎骨31～32枚。体呈浅褐色至深褐色；各鳍暗色；幼鱼在尾鳍基附近有暗色条带。

分布范围　广泛分布于印度-西太平洋的热带和暖温带海域，以及从澳大利亚东部海域至日本。我国分布于东海深海。

生态习性　栖息于大陆架和岛屿边缘，大陆坡深水处。成鱼栖息于水深180～800m（通常为300～450m）的大陆坡底层水域，以底栖生物为食；幼鱼生活在中层水域，主要以樽海鞘为食。

条码序列 ■■■ ···

● **线粒体 DNA *CO I* 基因片段序列：** CCTATATCTAGTATTTGGTGCATGAGCTGGAATAGTAGGTACAGCCTTAAGCCTGCTCATCCGAGCTGAACTAAACCAACCAGGCGCCCTCCTTGGGGATGACCAGATCTACAATGTAATTGTTACAGCACACGCTTTCGTAATAATTTTCTTTATAGTAATACCAATTATGATTGGAGGATTTGGAAACTGGCTCATTCCACTAATGATTGGGGCCCCAGACATAGCATTCCCCCGAATGAACAACATAAGCTTTTGACTACTCCCCCCTTCATTCCTCCTACTTCTAGCTTCCTCTGGAGTTGAAGCTGGTGCCGGAACTGGATGAACTGTTTATCCTCCCCTAGCCGGCAACCTGGCCCACGCCGGAGCATCAGTTGACCTAACTATTTTCTCCCTCCATTTAGCAGGGGTTTCCTCAATCCTTGGGGCTATTAATTTCATTACAACAATTATTAATATGAAACCTGCCGCCATCTCTCAGTACCAGACCCCTCTGTTTGTCTGATCTGTCCTAATTACAGCCGTCCTTCTCCTTCTATCCCTACCAGTTCTTGCTGCCGGGATTACAATGCTTCTTACAGATCGAAACTTAAATACAACATTCTTTGATCCTGCAGGTGGGGGAGATCCTATTCTTTATCAACACCTATTC

● **线粒体 DNA 12S rRNA 基因片段序列：** CACCGCGGTTATACGAGAGGCCCAAGTTGACAGACGCCGGCGTAAAGCGTGGTTAAGGTAAACTACAACTAAAGCCGAATACCTTCAAGGCAGTTATACGCATTCGAAGGCACGAAGCCCCACCACGAAAGTGGCTTTATGACCCCTGACTCCACGAAAGCTATGGCA

73 水母玉鲳

学名：*Psenes arafurensis* Günther，1889
英文名：Banded driftfish
别名 / 俗名：水母鲳

分类地位
辐鳍鱼纲 Actinopterygii
鲈形目 Perciformes
双鳍鲳科 Nomeidae
玉鲳属 *Psenes*

形态特征　小型鱼类，最大体长150mm。体呈卵圆形，侧扁；背、腹缘皆钝圆；尾柄短而侧扁。头中等大小。吻短而钝，吻长约为眼径的2/3。眼较大，侧位，前缘覆盖着弧形的皮质眼睑。眼间隔圆凸。鼻孔2个，彼此紧靠；前鼻孔圆形，后鼻孔裂缝状。口较小，斜裂；下颌不突出，上颌骨后端伸达或稍超越眼前缘下方。上下颌各有1行细齿，上颌齿约25枚，尖细，排列较稀疏；下颌齿约38枚，呈扁平三角形，排列较紧密；犁骨和腭骨无齿。鳃孔宽大，左右鳃膜不与峡部相连。有假鳃。鳃耙纤细，两侧有毛刺。体被薄的圆鳞，极易脱落。头部背面有鳞，伸越眼间隔；鳃盖上方无鳞。侧线完全，与体背缘平行，侧线鳞44～45枚。背鳍始于胸鳍基上方，第一背鳍有10～11枚鳍棘，细弱，可弯曲，倒伏可纳入沟中；第二背鳍有1枚鳍棘、21～22枚鳍条。臀鳍大致与第二背鳍相对，同形。胸鳍宽而长，末端圆形。腹鳍可完全折入腹部沟中。尾鳍深叉形。体呈银灰色，有细条纹；幼鱼银白色，隐有暗色带。

分布范围　大西洋、印度洋和太平洋热带及亚热带海域。我国分布于东海深海。

生态习性　大洋性鱼类，栖息于表层，幼鱼常随水母或藻类一起漂流生活，成鱼则于底层生活。以浮游动物和漂浮性小鱼为食。

条码序列 ■■■■ ·····················

● 线粒体 DNA *CO I* 基因片段序列：CCTATATCTAGTATTTGGTGCATGAGCTGGAATAGTAGGAACAGCTTTAAG
CCTGCTCATCCGAGCTGAACTAAACCAACCAGGCGCCCTTCTTGGAGACGACCAGATCTACAATGTAATTGTTACAG
CACATGCTTTCGTAATGATTTTCTTTATAGTAATACCAATTATGATTGGAGGGTTTGGAAACTGACTCATCCCCCTA
ATGATTGGGGCCCCAGACATGGCATTTCCCCGAATAAATAACATAAGCTTTTGACTACTTCCTCCTTCTTTCCTTTTA
CTCCTAGCTTCTTCCGGAGTAGAGGCTGGAGCCGGAACCGGATGAACTGTATACCCACCCCTAGCCGGCAACCTAGC
TCACGCGGGGGCATCCGTTGACTTAACTATTTTCTCCTTACACTTAGCAGGGGTTTCCTCAATCCTTGGAGCTATTAA
TTTTATTACAACAATTATTAATATGAAACCCGCAGCCATTTCTCAATATCAAACTCCCCTCTTTGTTTGATCAGTAT
TAATTACAGCAGTTCTTCTCCTATTATCCCTGCCCGTCCTTGCCGCTGGTATTACAATACTCCTCACAGACCGAAACT
TAAACACAACATTTTTTGACCCGGCAGGCGGAGGAGATCCTATTCTTTATCAACATTTGTTC

● 线粒体 DNA 12S rRNA 基因片段序列：CACCGCGGTTATACGAGAGGCCCAAGTTGATAGACACCGGCGTAAAG
CGTGGTTAAGGTAAATTATAACTAAAGCCGAACACCTTCAAGGCAGTTATACGCATTCGAAGGTACGAAGCCCCACT
ACGAAAGTGGCTTTACAACCCCTGACCCCACGAAAGCTATGATA

印度无齿鲳

分类地位

辐鳍鱼纲 Actinopterygii

鲈形目 Perciformes

无齿鲳科 Ariommatidae

无齿鲳属 *Ariomma*

学名：*Ariomma indica*（Day，1871）

英文名：Indian driftfish

别名/俗名：叉尾鲳、印度玉鲳

形态特征　中小型鱼类，最大体长250mm。体呈卵圆形，侧扁。体较高，体长为体高的2.1～2.3倍。头中等大小。吻短而钝。眼中等大小，头长为眼径的3.4～3.6倍；眼侧位，圆形；眼间隔宽。鼻孔2个，彼此紧靠；前鼻孔圆形，后鼻孔裂缝状。口较小，端位，稍倾斜。上下颌各有1行细齿；犁骨、腭骨及舌上无齿。前鳃盖骨边缘平滑；鳃盖骨无棘。鳃耙细软，上有毛刺。体被圆鳞，大而薄，极易脱落。侧线完全，位高，与背缘平行，向后直达尾鳍基上部。背鳍2个，第一背鳍有12枚细弱的鳍棘，倒伏可纳入沟中；第二背鳍紧靠第一背鳍，有15枚鳍条。臀鳍与第二背鳍大致相对，同形，有3枚鳍棘、14枚鳍条。胸鳍长，末端超越臀鳍起点。腹鳍可完全折入腹部沟中。成鱼尾鳍深叉形。体呈银灰色，背部颜色较深，带有蓝色光泽，腹部色浅。

分布范围　印度-西太平洋，从南非海域、波斯湾向东至斐济的莫阿拉岛，北至日本。我国分布于东海南部和南海。

生态习性　暖水性沿岸底层鱼类，栖息于大陆架水深20～300m的沙泥底质海域。幼鱼主要营漂流生活，常栖息于水母触手间或浮藻的枝芽间，以及其他各种漂浮物中。以浮游动物及其他小型无脊椎动物为食。有日夜垂直洄游的习性。

条码序列 ■ ■ ■ ■ ···

● **线粒体DNA *CO I* 基因片段序列：** CCTATATCTAGTATTTGGTGCATGAGCTGGAATAGTAGGCACAGCCTTAAGC
CTACTTATCCGAGCTGAACTAAACCAACCAGGCGCCCTTCTTGGGGACGACCAAATGTATAATGTAATCGTTACAGC
ACACGCCTTCGTAATAATTTTCTTTATAGTAATACCAATCATAATTGGAGGATTTGGGAACTGGCTCATTCCATTAA
TAATTGGGGCCCCAGACATAGCATTTCCTCGAATAAACAACATAAGCTTCTGACTTCTACCACCTTCTTTCCTGCTA
CTTTTAGCCTCTTCTGGGGTTGAAGCCGGTGCCGGGACCGGATGAACAGTTTATCCACCCCTGGCTGGCAACCTAGCA
CACGCCGGAGCATCAGTCGATCTGACCATTTTCTCTCTACATTTAGCAGGTGTTTCTTCAATTCTTGGAGCTATTAAC
TTCATCACAACAATTATTAATATGAAACCCGCAGCTATTTCCCAATACCAAACACCTCTATTCGTCTGAGCTGTCTT
AATTACGGCCGTTCTCCTTCTACTATCACTCCCTGTCCTAGCTGCTGGCATCACAATGCTACTCACAGACCGAAACC
TAAACACAACCTTCTTCGATCCCGCAGGAGGAGGTGACCCAATCCTTTACCAACACTTATTC

● **线粒体DNA 12S rRNA基因片段序列：** CACCGCGGTTATACGAGAGGCCCAAGTTGACAGACACCGGCGTAAAG
CGTGGTTAAGGTTAAATTGAAACTAAAGCCGAACACCTTCAGAGCAGTTATACGCATCCGAAGATACGAAGCCCCAT
CACGAAAGTGGCTTTAATAACCCCTGACCCCACGAAAGCTATGACA

75 中国鲳

分类地位

辐鳍鱼纲 Actinopterygii

鲈形目 Perciformes

鲳科 Stromateidae

鲳属 *Pampus*

学名：*Pampus chinensis*（Euphrasen，1788）

英文名：Chinese silver pomfret

别名 / 俗名：斗鲳

形态特征　中小型鱼类，常见全长200mm，最大可达400mm。体几近菱形，侧扁。尾柄短。头较小，侧扁而高，吻短而钝。眼较小，侧位，靠近头的前端。眼间隔宽，隆突。口小，端位。上下颌几相等，上颌骨后缘伸达眼前缘下方。上下颌各具一行小齿，紧密排列，成鱼期齿渐消失或不明显。鳃孔小，前鳃盖骨边缘不游离，鳃盖膜与峡部相连，无假鳃。鳃耙9枚，细长。背鳍有5～6枚鳍棘、41～46枚鳍条，鳍棘小戟状，幼鱼时较明显，成鱼时埋于皮下。臀鳍与背鳍在幼鱼期呈截形，至成鱼为镰刀形。胸鳍宽大，伸达背鳍基底中部下方。尾鳍较短，浅分叉，上下叶几等长。无腹鳍。脊椎骨32～33枚。体被细小鳞片，易脱落，头部除吻和两颊裸露外，大部分被鳞。侧线完整，上侧位，几与背缘平行。头部后上方侧线管的横枕管丛和背分支丛后缘呈截形，腹部横枕管丛狭长，向后延伸未达背鳍起点下方。体背暗灰色，腹部灰色，各鳍灰褐色。

分布范围　印度-西太平洋，自波斯湾至印度尼西亚东部，北至日本。我国分布于东海和南海北部海域。

生态习性　暖水性近海中下层鱼类。主要栖息于沿岸沙泥底质水域，偶见于河口水域。独游或成小群。以浮游动物或底栖小动物等为食。

条码序列 ■ ■ ■ ■ ....

● 线粒体DNA *CO I* 基因片段序列：ACCCAATTCTCTATCAACATTTATTCTGATTCTTTGGACACCCAGAAGTAT
ATATTCTTATTCTTCCAGGATTTGGTATTATCTCCCACATCGTCGCCTATTACTCCGGTAAAAAAGAACCCTTTGGG
TATATGGGTATGGTCTGAGCAATAATGGCTATTGGCCTGCTCGGATTCATTGTGTGAGCCCACCACATGTTTACAGTA
GGAATAGATGTTGACACACGAGCTTACTTTACATCTGCCACCATAATTATTGCAATTCCCACTGGCGTAAAAGTATT
TAGCTGACTCGCGACTCTTTACGGAGGGTCAATTAAATGAGAAGCCCCTTTCTTATGGGCTCTTGGTTTCATTTTCCT
ATTCACAGTTGGAGGCCTAACAGGTATCGTTTTAGCCAACTCATCCCTGGATATTATTCTTCACGACACATATTACG
TTGTAGCCCACTTCCACTACGTATTATCCATGGGCGCCGTATTTGCTATTATAGCCGGCTTCGTACACTGATTCCCAC
TATTTACAGGGTATACTCTCCACAGCGCCTGAGCTAAAATCCATTTTGCAGTAATGTTTGTGGGTGTAAATCTTACA
TTCTTCCCACAGCACT

● 线粒体DNA 12S rRNA 基因片段序列：CAAAAGCTTGGTCCTGACTTTATTATCAACTCTAGCTAAATTTACAC
ATGCAAGTATCCGCGACCCTGTGAGAATGCCCCAACAGTTTTCTACTAGAAAACAAGGAGCTGGTATCAGGCACACT
CCTAACAGTAGCCCATGACACCTTGCCCAGCCACACCCTCAAGGGAACCCAGCAGTGATAAACCTTAAGCAATAAG
TGAAAACTTGACTTAGTTAAGGCTAAGAGAGCCGGTAAATCTCGTGCCAGCCACCGCGGTTATACGAGAGGCTCAAG
TTGATAAATCTCGGCGTAAAGTGTGGTTAAGG

分类地位

辐鳍鱼纲 Actinopterygii

鲈形目 Perciformes

鲳科 Stromateidae

鲳属 *Pampus*

镰 鲳 *76*

学名：*Pampus echinogaster*（Basilewsky，1855）

英文名：Korean pomfret

别名/俗名：鲳鱼

形态特征 中小型鱼类，体呈卵圆形，侧扁，背面与腹面狭窄，背缘和腹缘弧形隆起，体以背鳍起点前为最高。头较小，侧扁而高。吻短而钝，稍突出，等于或略短于眼径。口小，亚前位，上颌骨后端达瞳孔前缘下方，上颌不能活动，下颌稍短于上颌。眼小，侧位，靠近头部前端。上下颌具细小齿一行，紧密排列，犁骨和腭骨及舌上无齿。鳃孔小，前鳃盖骨边缘不游离，鳃盖膜与峡部相连；鳃盖下沟颇长，伸达口裂下方。鳃耙细弱，有16～21枚。背鳍有8～11枚鳍棘、43～51枚鳍条，鳍棘较小。臀鳍有5～8枚鳍棘、43～49枚鳍条。鳍棘短小，小戟状，幼鱼时明显，成鱼时退化埋于皮下。胸鳍延长，几达背鳍中部。尾鳍深叉形，下叶长于上叶。无腹鳍。脊椎骨39～41枚。体被细小圆鳞，易脱落，头部除吻和两颊裸露外，大部分被鳞。侧线完整，上侧位，沿胸鳍基部到尾鳍的方向呈弧形，几与背缘平行。头部后上方侧线管的横枕管丛和背分支丛后缘呈浅弧形，略短；背部横枕管丛末端未达胸鳍上部基点；腹部横枕管丛稀少，明显短于背部横枕管丛。体背侧青灰色，腹侧银白色。背鳍和臀鳍前部深灰色，后部浅灰色。尾鳍浅灰色。胸鳍灰色并带有些许黑色小斑点。

分布范围 西北太平洋，俄罗斯、朝鲜半岛、日本南部和中国近海。我国分布于渤海、黄海、东海和南海北部海域。

生态习性 主要栖息于沿岸沙泥底质水域，独游或成小群。以水母等浮游动物或底栖小动物为食。

条码序列 ■ ■ ■ ■ ……………………………………………………………………………………

● 线粒体 DNA *CO I* 基因片段序列：CCTGTACATAGTATTTGGTGCAGGAAGGGGGATAGTGGGCACAGCCTTAAG
CTTGCTTATTCGAGCTGAATTAAACCAACCAGGCGCTCTACTTGGGGATGACCAAATTTATAATGTTATTGTGACAG
CACACGCTTTCGTAATAATTTTCTTTATAGTAATGCCAGTTATAATTGGAGGATTTGGTAATTGACTTGTCCCTATAA
TAATTGGGGCCCCTGACATAGCATTTCCTCGAATGAATAACATAAGCTTTTGACTCTTACCCCCATCTTTCTTACTT
CTACTAGCCTCTTCAGGAGTCGAAGCTGGTGCCGGAACCGGATGAACAGTCTACCCACCATTGGCTGGTAACCTTGC
CCATGCTGGGGCATCCGTTGACTTAACTATTTTTTCCCTACATTTGGCAGGGGTATCTTCAATTCTCGGAGCTATTAA
TTTCATTACAACCATCATTAATATAAAACCCCCACGCACCACCCAATACCAAACACCTCTCTTTGTCTGAGCCGTAT
TAATTACAGCCGTTCTTCTTCTTTTATCCCTACCAGTTCTTGCTGCTGGTATTACTATACTTCTTACAGACCGAAATT
TAAATACAATTTTCTTTGACCCCGCCGGAGGAGGAAATCCAATTCTATACCATCAATTA

● 线粒体 DNA 12S rRNA 基因片段序列：CACCGCGGTTATACGAGAGGCTCAAGTTGATAAACCTCGGCGTAAAG
TGTGGTTAAGAAATTTTTAACTAAAGCCAAGCCGTTAGAAGCAGTAGCACGCTTATTAAGGTATGAAGCTCAC
CCACGAAAGTGGCTTTACAAAACCCGACTCCACGAAAGCTAAGAAA

77 角木叶鲽

学名：*Pleuronichthys cornutus*（Temminck & Schlegel，1846）
英文名：Ridged-eye flounder
别名 / 俗名：木叶鲽

分类地位

辐鳍鱼纲 Actinopterygii

鲽形目 Pleuronectiformes

鲽科 Pleuronectidae

木叶鲽属 *Pleuronichthys*

形态特征　中小型鱼类，体长一般110～220mm，大者可达300mm。体近卵圆形，侧扁而高；尾柄短。头短小。吻短，背缘呈深凹刻状。两眼前缘各有一个短骨质突起。眼大，两眼均位于头部右侧，很高凸。眼间隔窄，前后端各有1个强棘。前鼻孔短管状。口小，前位，斜裂。仅无眼侧的上下颌具齿，齿尖细，呈窄带状排列。前鳃盖骨后缘埋于皮下。鳃孔短狭。鳃盖膜不与峡部相连。鳃耙短。体两侧均被小圆鳞。有眼侧鳞片椭圆形，排列整齐规划。两侧侧线均发达，直线形，背侧线不分支。侧线鳞98～110枚。奇鳍被小鳞。背鳍起点位于头背缘凹处。臀鳍起点约在胸鳍基底后下方。背鳍、臀鳍鳍条均不分支。胸鳍不等大，有眼侧略长。腹鳍短小。尾鳍后缘圆形。头、体右侧淡黄褐色，有许多大小不等、形状不规则的深褐色斑点，胸鳍及尾鳍后半部黑褐色；无眼侧乳白色。

分布范围　西北太平洋，从朝鲜半岛海域和日本沿海至中国南海。我国从鸭绿江口到珠江口等江河入海口和近海均有分布。

生态习性　近海暖温性底层鱼类。多栖息于泥沙底质海域，水深2～170m。肉食性，多静伏于海床上伺机捕食，主要以端足类、多毛类、海蛇尾等为食。有洄游习性，冬季生殖时会迁移至浅海产卵。

条码序列

● 线粒体 DNA *CO I* 基因片段序列：CTTGTATTTGGTGCCTGAGCCGGAATAGTAGGGACAGCCCTAAGCCTGCTTATTCGAGCAGAACTAAGCCAACCCGGAGCCCTCCTTGGGGACGATCAGATTTATAATGTTATCGTTACTGCACACGCCTTTGTAATAATCTTCTTTATAGTAATACCAATTATGATTGGAGGGTTTGGAAACTGACTTATTCCTCTAATGATCGGGGCCCCTGATATAGCCTTCCCCCGAATGAACAACATGAGCTTCTGGCTCCTTCCCCCATCCTTCCTCCTCCTTCTTGCGCTCCTCAGGTGTTGAAGCTGGTGCCGGCACAGGATGAACTGTGTATCCCCCTCTAGCCGGTAACCTGGCGCATGCAGGGGCATCCGTAGACCTCACAATTTTCTCACTTCACCTCGCAGGAATTTCCTCAATTCTAGGAGCCATTAACTTCATCACTACTATTATTAATATAAAACCTACGGCTATAACTATGTACCAGATCCCACTATTTGTCTGAGCCGTACTAATTACAGCTGTCCTACTCCTTCTCTCTCTCCCAGTTTTAGCCGCTGGCATCACAATGCTACTAACAGATCGAAACCTCAACACAACTTTCTTTGACCCTGCTGGAGGGGGTGATCCCATTCTTTAT

● 线粒体 DNA 12S rRNA 基因片段序列：CACCGCGGTTATACGAGAGGCCCAAGTTGACAGACAACGGCGTAAAGGGTGGTTAGGGGAAGGACTAAACTAGAGCTAAACGCTTTCAAAGCTGTTATACGCACCCGAAAGTATGAAACCCAATCACGAAAGTAGCCCTATTAACCCTGAATCCACGAAAGCTAAGAAA

丝背细鳞鲀 78

分类地位

辐鳍鱼纲 Actinopterygii

鲀形目 Tetraodontiformes

单角鲀科 Monacanthidae

细鳞鲀属 *Stephanolepis*

学名：*Stephanolepis cirrhifer*（Temminck & Schlegel，1850）

英文名：Threadsail filefish

别名 / 俗名：剥皮鱼、丝鳍单角鲀、丝背冠鳞单棘鲀

形态特征　小型鱼类，一般体长100～160mm，最大可达300mm。体短菱形，侧扁而高，背缘第一、第二背鳍间近平直或稍凹入。尾柄短而高，侧扁。头中等大，短而高，侧视近三角形。吻高大，背缘近斜直形。眼中大，上侧位。口小，前位。鳃孔侧中位。头体均被细鳞，每个鳞片基板上的鳞棘愈合成柄状，其外端有许多小棘，整个鳞棘呈蘑菇状。背鳍2个。第一背鳍有2枚鳍棘，第一鳍棘较粗壮，位于眼后半部上方，鳍棘前缘有粒状突起，后缘具倒棘；第二鳍棘短小，紧贴在第一鳍棘后方，常隐于皮下。第二背鳍延长，前部鳍条稍长，雄鱼的第二鳍条特别延长呈丝状。臀鳍与第二背鳍同形。胸鳍短圆形。腹鳍合为1枚鳍棘，由3对特化鳞组成，连于腰带骨后端，能活动，鳍棘后的鳍膜较小。尾鳍圆截形，边缘无丝状延长鳍条。体呈黄褐色，体侧有黑色斑纹，形成6～8条断续的纵行斑纹。第一背鳍棘上有3～4个深色横斑，鳍膜灰褐色；第二背鳍及臀鳍的下半部有褐色宽纹；尾鳍基部及外缘有灰褐色横带。

分布范围　印度-西太平洋，从日本北海道和朝鲜半岛至菲律宾。我国分布于黄海、东海和南海。

生态习性　近海底栖鱼类。栖息于100m以浅的岩礁藻场海域，喜集群。主要以端足类、瓣鳃类、海胆等底栖生物为食，也摄食介形类和桡足类等。

条码序列 ■ ■ ■ ■ ....

● 线粒体 DNA *CO I* 基因片段序列：CCTATATATAATCTTTGGTGCCTGAGCAGGAATAGTGGGGACTGCTTTAAG
CCTACTAATTCGGGCAGAGCTGAGCCAGCCCGGCGCCCTTCTTGGGGACGACCAAATGTATAATGTAGTCGTCACAG
CTCATGCCTTTGTAATAATTTTCTTTATAGTTATACCCATCATAATTGGGGGCTTTGGAAACTGACTTATTCCTCTTA
TGATCGGAGCTCCCGATATAGCATTCCCGCGTATGAATAACATGAGCTTTTGACTTCTGCCCCCTTCCTTCCTGCTT
CTCCTTGCATCATCTGGGGTCGAGGCAGGAGCTGGTACCGGTTGGACTGTTTACCCCCCTCTTGCAGGTAACCTTGCC
CACGCGGGAGCTTCTGTAGACTTAACTATCTTTTCTCTCCACCTGGCTGGTATCTCTTCAATTCTTGGAGCTATTAAT
TTTATCACTACAATTATAAATATGAAACCCCCTGCAATGACACAATATCAGATGCCCCTATTTGTATGAGCTGTTCT
CGTTACTGCTGTCCTCCTACTTCTTTCATTACCCGTCCTGGCCGCAGGAATTACCATGCTCTTAACAGATCGAAATT
TAAACACCACCTTTTTTGACCCTGCCAGGAGGTGGAGACCCTATCTTATACCAACATCTC

● 线粒体 DNA 12S rRNA 基因片段序列：CACCGCGGTTATACGGGGGGCCCAAGCTGATAGACACCGGCGTAAAG
CGTGGTTAGGAGTATTTAATACAATTAAAGCCGAATGCTTTCAAGGCTGTTATACGCATCCGAAAGCTAGAAGTACA
ACTACGAAGGTGGCTTTATAACTTCTGAACCCACGAAAGCTAAGAAA

79

无 斑 箱 鲀

学名：*Ostracion immaculatum* Temminck & Schlegel，1850
英文名：Bluespotted boxfish
别名 / 俗名：箱河鲀、海牛港

分类地位

辐鳍鱼纲 Actinopterygii

鲀形目 Tetraodontiformes

箱鲀科 Ostraciidae

箱鲀属 *Ostracion*

形态特征 中小型鱼类，体长最大可达250mm。体呈长方形，体甲四棱状，在背鳍及臀鳍后方闭合，背部中央不隆起。背侧棱及腹侧棱发达，无背中棱。无眶前棘和腰骨棘。头短小，前缘斜直。吻不突出。吻径小于或等于眼径。口小，前位。上下颌各有1行狭长的齿。鳃孔短，其长为眼径的0.8～1.1倍。背鳍短小，位置偏后，有9枚鳍条。臀鳍与背鳍相对，有9枚鳍条。胸鳍下侧位。尾鳍圆形。体甲为淡黄绿色；幼鱼体上散布有一些小于瞳孔的浅色小圆斑。成鱼头部及尾鳍无小黑点。

分布范围 西北太平洋，从日本南部海域至中国南海。我国分布于东海南部和南海。

生态习性 暖水性底层鱼类，栖息于近岸20m以浅的珊瑚礁、潟湖、岩礁海域。常单独游弋。

条码序列 ■ ■ ■ ■

● 线粒体DNA *CO I* 基因片段序列：CCTTTATTTAGTATTTGGTGCTTGAGCCGGTATAGTGGGAACGGCCCTAAGC
CTACTTATCCGAGCAGAACTAAGCCAACCAGGCGCTCTTCTTGGGGATGATCAGATTTATAATGTAATCGTAACAGC
ACATGCATTTGTAATAATTTTCTTTATAGTAATGCCAATTATAATTGGAGGTTTTGGAAACTGATTAGTACCTCTAA
TAATTGGAGCTCCTGATATAGCATTTCCCCGAATAAATAACATAAGCTTCTGGCTTCTTCCTCCCTCCTTCCTCCTCC
TCCTGGCCTCTTCAGGGGTTGAGGCAGGAGCTGGAACTGGGTGAACAGTCTATCCCCCCTTAGCAGGCAACCTGGCA
CATGCAGGGGCATCTGTAGATCTAACCATCTTTTCCCTCCATCTGGCAGGGGTTTCCTCAATTTTAGGGGCTATTAAT
TTTATTACCACAATTATTAACATAAAACCCCCAGCTATCTCCCAATATCAAACCCCTCTATTTGTGTGGGCAGTTCT
GATTACCGCTGTCCTCCTCCTTCTATCACTGCCAGTTCTTGCTGCTGGTATTACAATACTTCTAACAGACCGAAACC
TAAACACCACATTCTTTGACCCAGCAGGAGGAGGGGACCCAATCCTTTATCA

● 线粒体DNA 12S rRNA 基因片段序列：CACCGCGGTTATACGAGAGACCCAAGTTGTTAGTCACCGGCGTAAAG
CGTGGTTAAAAATATACTTCACTAAAGCCGAAAACTTTCAAAGCTGTTATACGCATCCGAAAGTAAAAAGACCAAT
AACGAAAGTAGCTTTACTTATTTGAACCCACGAAAGCTACGGCA

分类地位

辐鳍鱼纲 Actinopterygii

鲀形目 Tetraodontiformes

箱鲀科 Ostraciidae

箱鲀属 *Ostracion*

突 吻 箱 鲀 80

学名：*Ostracion rhinorhynchos* Bleeker，1851

英文名：Horn-nosed boxfish

别名 / 俗名：突吻尖鼻箱鲀

形态特征　中小型鱼类，体长最大可达 350mm。体呈长方形，体甲四棱状，在背鳍及臀鳍后方闭合；背侧棱及腹侧棱发达，无背中棱。背部中央隆起。背中央的棱嵴较低而钝圆。无眶前棘和腰骨棘。头短小，前缘斜直。吻突出。口小，前位。上下颌各有 1 行狭长的齿。鳃孔短，其长为眼径的 0.8 ～ 1.1 倍。背鳍短小，位置偏后。臀鳍基部分位于背鳍基之下。胸鳍下侧位。尾鳍圆形。每个骨板上有 4 个以上黑斑。

分布范围　印度 - 西太平洋，自非洲东海岸至印度尼西亚，北至日本南部，南至澳大利亚北部。我国分布于东海南部和南海。

生态习性　暖水性底层鱼类，栖息于近岸 50m 以浅的珊瑚礁和岩礁海域。行动迟缓。

条码序列　■ ■ ■ ■ ···

● 线粒体 DNA *CO I* 基因片段序列：CCTCTATTTAGTATTTGGTGCTTGAGCCGGTATAGTGGGAACGGCCCTAAGC
CTACTTATCCGAGCAGAACTAAGCCAACCAGGCGCTCTTCTTGGGGACGATCAAATTTATAATGTAATCGTAACAGC
ACATGCATTTGTAATAATCTTCTTTATAGTAATACCAATTATAATTGGAGGTTTTGGAAACTGACTAGTACCTCTAA
TAATTGGAGCCCCTGATATAGCATTTCCCCGAATAAATAACATAAGCTTCTGGCTCCTTCCCCCTTCCTTCCTCCTCC
TCCTAGCCTCTTCAGGAGTTGAAGCAGGTGCTGGAACTGGATGAACAGTCTATCCCCCCTTAGCAGGTAACCTGGCA
CATGCAGGAGCATCTGTAGATCTAACCATCTTTTCTCTCCACCTAGCAGGTGTTTCCTCAATTTTAGGGGCTATTAAT
TTCATTACCACAATTATTAACATAAAAACCCCAGCTATCTCCCAATATCAAACCCCTCTATTTGTGTGGGCAGTTCT
GATTACCGCTGTCCTCCTCCTTCTATCACTGCCAGTTCTTGCTGCTGGTATTACAATACTTCTAACAGACCGAAACC
TAAACACCACATTCTTTGACCCGGCAGGGGGTGGGGACCCAATCCTTTATCAACACTTATTT

● 线粒体 DNA 12S rRNA 基因片段序列：CACCGCGGTTATACGAGAGACCCAAGTTGTTAGTTACCGGCGTAAAG
CGTGGTTAAAAATATATTTCACTAAAGCCGAAAACTTTCAAAGCTGTTATACGCATCCGAAAGTAAAAAGACCAAT
AACGAAAGTAGCTTTACTTATTTGAACCCACGAAAGCTACGGCA

81

棕斑兔头鲀

分类地位

辐鳍鱼纲 Actinopterygii

鲀形目 Tetraodontiformes

鲀科 Tetraodontidae

兔头鲀属 Lagocephalus

学名：*Lagocephalus spadiceus*（Richardson，1845）

英文名：Half-smooth golden pufferfish

别名/俗名：棕腹刺鲀、淡鳍兔头鲀

形态特征 中小型鱼类，体长一般180～220mm，大的可达300mm。体呈亚圆筒形，头胸部粗圆，向后渐细长，尾柄圆锥状，后部稍侧扁。腹部两侧自口角下方至尾柄末端下方有一显著的纵行皮褶。头中大，稍侧扁。吻中长，圆钝。眼中大，侧上位。眼间隔宽平。鼻孔小，每侧2个，鼻瓣呈卵圆形突起。口小，前位。上下颌骨与齿愈合，形成4个喙状齿板，中央缝显著。唇发达，边缘有细裂纹。鳃孔中大，弧形。头、体背面和腹面均被小刺，向后仅分布至胸鳍后端上下方。侧线发达。背鳍1个，略呈镰刀形，位于体后部，前部鳍条较长。臀鳍1个，与背鳍几同形。无腹鳍。胸鳍侧下位，后缘稍圆。尾鳍呈浅凹入形。体背侧棕黄色或黄绿色，腹面乳白色，纵行皮褶常呈银白色；背面在眼后部、体背部、背鳍基底下部和尾柄上部常有不规则暗褐色云状斑纹；胸鳍和背鳍均为棕黄色；臀鳍白色；尾鳍棕黄色，上叶尖端和下缘窄边白色。

分布范围 印度-西太平洋，从红海和南非至澳大利亚，北至中国北部沿海。我国分布于黄海、东海和南海。

生态习性 近海暖温性底层鱼类，主要以软体动物、甲壳类和鱼类等为食。东海沿海较常见，4～5月产卵。为渔业兼捕对象之一。肝脏、卵巢均有毒。

条码序列

● 线粒体DNA *CO I* 基因片段序列：CCTCTATCTAGTATTTGGTGCCTGAGCCGGAATAGTGGGAACGGCCCTGAGCCTCCTTATTCGGGCAGAGCTAAGCCAGCCCGGCGCCCTCCTGGGAGACGACCAGATTTATAACGTAATCGTCACGGCCCACGCGTTCGTAATAATTTTCTTTATAGTAATACCAATCATGATCGGTGGCTTCGGAAACTGACTAATTCCCCTAATAATCGGAGCCCCTGACATGGCCTTCCCTCGAATAAACAACATAAGCTTTTGACTCCTCCCCCCTTCCTTCTTACTTCTCCTTGCCTCCTCTGGTGTCGAAGCCGGAGCCGGAACAGGCTGGACCGTATACCCCCCGCTAGCGGGCAATCTCGCCCATGCAGGAGCATCCGTTGATTTAACCATTTTCTCCCTACACCTTGCAGGTGTCTCATCAATCCTCGGGGCCATTAACTTTATCACCACAATCATTAACATAAAGCCTCCCGCCATCTCTCAGTACCAAACCCCTCTATTTGTGTGGGCCGTCCTAATTACTGCCGTCCTCCTTCTTCTTTCCCTCCCTGTTCTTGCAGCGGGCATCACCATGCTTCTCACAGACCGCAACTTAAATACTACCTTCTTCGACCCAGCCGGAGGCGGAGACCCGATCCTCTACCAACACCTGTTC

● 线粒体DNA 12S rRNA 基因片段序列：CACCGCGGTTATACGAGAGGCCCAAGTTGTTAACCCTCGGCGTAAAGAGTGGTTAGAGTACCCCTACAGACTAAGGCCGAACACCTTCAGGGCAGTTATACGCTTTCGAAGGCATGAAGCACATCCACGAAAGTAGCCTTACCCCACTTGAATCCACGAAAGCTAAGATA

分类地位

辐鳍鱼纲 Actinopterygii

鲀形目 Tetraodontiformes

鲀科 Tetraodontidae

多纪鲀属 Takifugu

横纹多纪鲀

学名：*Takifugu oblongus*（Bloch，1786）

英文名：Lattice blaasop

别名 / 俗名：横纹东方鲀、横纹河鲀

形态特征　中小型鱼类，一般体长60～180mm，大的可达400mm。体呈亚圆筒锥形。体两侧下缘各有1个纵行皮褶。头中等大，钝圆。眼小，侧上位；眼间隔宽，稍圆突。鼻孔每侧2个，鼻瓣呈卵圆形突起。口小，前位。鳃孔中大，侧中位，位于胸鳍基底前方。鳃膜外露，淡色。体背面自鼻孔后方至背鳍起点、腹面自眼前缘下方至肛门前方以及侧面在鳃孔前方和胸鳍基底稍后方均有密集小刺，吻部和背鳍起点后方光滑无刺。侧线发达。背鳍1个，位于体后部、肛门稍后方。臀鳍与背鳍几同形，基底与背鳍基底几相对。无腹鳍。胸鳍侧中位。尾鳍宽大，后缘稍圆形。体腔大，腹膜淡色。鳔大。有气囊。背面黄褐色，背面和侧面自头部至尾柄有十几条白色横带。头和体背部有许多白色小圆斑。腹面乳白色，皮褶呈黄色纵带状。各鳍黄色。

分布范围　印度-西太平洋，从南非至印度尼西亚，北至日本，南至澳大利亚。我国分布于东海南部和南海。本种是多纪鲀属分布最广的一种。

生态习性　热带、亚热带暖水性近海底层鱼类，可进入大小河口的咸淡水水域。春季由外海游向沿岸产卵，冬季移向外海深处。主要摄食软体动物、甲壳类和鱼类。肝脏、卵巢有剧毒，皮肤、精巢和肌肉亦有毒。

条码序列 ■■■■■ ·····················

● 线粒体DNA *CO I* 基因片段序列：CTATACCTAGTTTTTGGTGCCTGAGCCGGAATAGTAGGCACAGCACTAAGT
CTTCTTATTCGGGCCGAACTCAGTCAACCCGGCGCACTCTTGGGTGATGACCAGATCTACAATGTAATCGTTACAGC
CCATGCATTCGTAATAATTTTCTTTATAGTAATACCAATCATGATTGGAGGCTTTGGGAACTGGTTAGTTCCCCTTAT
AATCGGAGCCCCAGACATGGCCTTTCCCCGAATAAACAACATAAGCTTTTGACTGCTTCCCCATCCTTCCTCCTTC
TGCTCGCATCCTCTGGAGTAGAAGCCGGAGCGGGTACGGGCTGAACAGTTTACCCGCCCCTAGCAGGAAATCTTGCC
CACGCAGGAGCTTCTGTAGACCTCACCATCTTCTCCCTTCATCTTGCAGGGGTTTCCTCTATTCTAGGAGCAATCAAC
TTCATCACAACTATTATTAACATGAAACCCCCAGCAATCTCACAATACCAAACACCTCTTTTCGTGTGAGCAGTTTT
AATTACTGCTGTACTTCTCCTGCTCTCCCTTCCAGTCCTTGCAGCAGGGATCACTATACTTCTCACTGACCGAAATCT
GAATACAACCTTCTTTGACCCAGCAGGAGGAGGAGACCCCATCCTGTACCAACATTTATTC

● 线粒体DNA 12S rRNA 基因片段序列：CAGCCGCCGCGGTTATACGAGAGACCCAAGTTGTTAGCCAACGGCGT
AAAGGGTGGTTAGAACTATAAACAACAAACTGAGACCGAACACCTTCAAGGCTGTTATACGCTTCCGAAGCAACGA
AGAACAATAACGAAAGTAGCCTCACTAACTCGAACCCACGAAAGCTAGGACACAAACCGGGATTAGATACCCCACT
ATGCCTACCCCTAAACACGATATGAAACTACGTACATATCCGCCCGGTTACTACGAGCATTAGCTTAAAACCC

83 黄鳍多纪鲀

分类地位

辐鳍鱼纲 Actinopterygii

鲀形目 Tetraodontiformes

鲀科 Tetraodontidae

多纪鲀属 Takifugu

学名：*Takifugu xanthopterus*（Temminck & Schlegel，1850）

英文名：Yellowfin pufferfish

别名 / 俗名：黄鳍东方鲀、黄鳍河鲀

形态特征 中到大型鱼类，常见体长200～500mm，大的可达600mm。体亚圆筒形，头胸部粗圆，躯干后部渐细；尾柄圆锥状，后部渐侧扁。体侧下缘纵行皮褶发达。头大，钝圆。吻短，钝圆。眼中大，侧上位，眼间隔微圆突。鼻孔每侧2个，鼻瓣呈卵圆形突起。口前位。上下颌呈喙状，与上下颌骨愈合形成4个齿板。唇厚，有细裂纹，下唇较上唇长，其两侧向上弯曲。鳃孔中大，侧中位。体背面自鼻孔前缘上方至背鳍前方和腹面自鼻孔后缘下方至肛门前方均被小刺，余部光滑无刺，背、腹部刺区相互分离，不在体侧相连接。侧线发达，背侧支侧上位。背鳍1个，位于体后部、肛门稍前方，近似镰刀形，中部鳍条延长。臀鳍与背鳍几同形，基底与背鳍相对，或稍后于背鳍起点。无腹鳍。胸鳍侧中位，短宽，似倒梯形。尾鳍宽大，后缘呈浅凹形。体腔大，腹膜淡色。鳔大。有气囊。体背面浅青灰色，有多条深蓝色斜行宽带，宽带有时断裂呈斑带状。胸带附近斜行宽带末端常呈椭圆状。背鳍基底有1椭圆形蓝黑色大斑。胸鳍基底内、外侧各具1蓝黑色圆斑。腹面乳白色。体侧下缘纵行皮褶在幼鱼时呈黄色，在成鱼时呈乳白色。各鳍明显橘黄色。

分布范围 西北太平洋，从朝鲜半岛和日本至中国南海北部。我国沿海均有分布，常见种。

生态习性 热带、亚热带近海底层鱼类，栖息水深可达270m。肉食性，主要以贝类、甲壳类、棘皮动物和鱼类等为食。喜集群，也进入江河口。幼鱼栖息于咸淡水中，冬季末期性腺开始成熟，春季产卵。卵巢和肝脏剧毒。

条码序列 ◼◼◼◼ ·······································

● **线粒体 DNA *CO I* 基因片段序列：** TATACCTAGTTTTTTTTGGTGCCTGAGCCGGAATAGTAGGCACGGCACTAAGT
CTTCTTATTCGGGCCGAACTCAGTCAACCCGGCGCACTCTTGGGCGATGACCAGATTTACAATGTAATCGTTACAGC
CCATGCATTCGTAATGATTTTCTTTATAGTAATACCAATCATGATTGGAGGCTTTGGGAACTGATTAGTTCCCCTTAT
AATCGGAGCCCCAGACATGGCCTTCCCTCGAATAAACAACATAAGCTTCTGACTGCTTCCCCCATCCTTCCTCCTTC
TGCTCGCATCCTCTGGAGTAGAAGCCGGAGCGGGTACGGGCTGAACCGTTTACCCACCCCTAGCAGGAAATCTTGCC
CACGCAGGAGCTCTGTAGACCTTACCATCTTCTCTCTTCATCTTGCAGGGGTCTCCTCTATTCTAGGGGCAATCAAC
TTCATCACAACTATCATTAACATAAAACCCCCAGCAATCTCACAATACCAAACACCTCTTTTCGTGTGAGCCGTTTT
AATTACTGCTGTACTTCTCCTGCTCTCCCTTCCAGTCCTTGCAGCAGGGATTACAATACTTCTCACTGACCGAAACC
TAAATACAACCTTCTTTGACCCAGCAGGAGGAGGAGACCCCATCCTGTACCAACACTTATTC

● **线粒体 DNA 12S rRNA 基因片段序列：** CACCGCGGTTATACGAGAGACCCAAGTTGTTAGCCAACGGCGTAAAG
GGTGGTTAGAACTAAAACAACAAACTGAGACGCGAACACCTTCAAGGCTGTTATACGCTTCCGAAGCAACGAAGAA
CAATAACGAAAGTAGCCTCACTAACTCGAACCCACGAAAGCTAGGACA

分类地位

辐鳍鱼纲 Actinopterygii

鲀形目 Tetraodontiformes

刺鲀科 Diodontidae

刺鲀属 *Diodon*

六斑刺鲀 84

学名：*Diodon holocanthus* Linnaeus，1758

英文名：Long-spined porcupinefish

别名/俗名：刺鲀、六斑二齿鲀

形态特征 体型不大，多在100～200mm，大的可达300mm左右。体宽而短，稍平扁；头和体前部粗圆；尾柄细而短，稍侧扁。头宽而平。吻宽短，前端呈三角形突出。眼大，上侧位，眼间隔宽平。鼻孔每侧2个，鼻瓣呈卵圆形突起。口小，前位，上颌稍长于下颌。上下颌齿各有1个喙状齿板，无中央缝。唇发达。鳃孔小，浅弧形。头、体均有长棘，棘大多有2个棘根，能活动；额棘很长；鳃孔上方有1～2枚短而具3个棘根的小棘，不能活动；眼前缘下方没有指向腹面的小棘；尾柄上无棘。体背侧面灰褐色，头体上有大的黑色斑纹，通常黑斑边缘无浅色环纹。体背部及侧面有分散的小的黑色斑点。头腹面无横行的喉斑。体腹面白色，有黑色斑点分布。各鳍黄色，无黑色斑点。

分布范围 世界各大洋的环热带海区。我国分布于黄海、东海和南海。

生态习性 环热带浅海底层鱼类。栖息于30m以浅的海域。遇敌害时气囊能使腹部膨大似球状，各棘竖立，以作自卫。肉食性，以软体动物、蟹等为食，一般夜间觅食。平时常单独活动，春末繁殖季节则大量聚集。雄鱼个体一般比雌鱼大，产卵时雄鱼轻推雌鱼腹部，之后一群雄鱼将一尾雌鱼顶到接近水面，然后就排卵、受精。内脏和生殖腺有毒，一般不作食用。

条码序列 ■ ■ ■ ■ ···

● 线粒体 DNA *CO I* 基因片段序列：TCTTTATTTAGTATTTGGTGCCTGGGCCGGAATGGTTGGGACGGCGCTTAGC
CTCCTAATCCGAGCCGAACTTAGTCAACCTGGGAGCCTCCTTGGAGACGACCAAATTTACAATGTCATTGTTACAGC
ACACGCCTTTGTAATAATTTTCTTTATAGTAATGCCAATTATGATCGGAGGCTTTGGAAACTGACTGGTGCCACTAA
TAATCGGCGCCCCAGACATGGCCTTCCCCCGAATAAATAATATGAGCTTTTGACTTCTCCCTCCCTCCTTCCTTCTCC
TCCTTGCTTCCTCAGGCGTAGAAGCCGGTGCCGGCACAGGATGAACAGTATACCCACCACTCGCGGGCAACCTGGCC
CACGCAGGAGCCTCCGTAGACCTGACTATTTTCTCTCTTCACCTTGCAGGAGTTTCTTCTATTCTAGGAGCAATTAAT
TTTATTACAACAATTATCAACATAAAACCCCTGCAATCTCCCAATACCAAACCCCCCTTTTCGTCTGAGCCGTTCT
AATCACCGCCGTCCTCCTGCTTCTCTCCCTTCCAGTCCTTGCTGCAGGAATTACAATGCTCCTCACCGACCGAAACC
TCAACACCACTTTCTTTGACCCAGCAGGGGGCGGTGATCCTATCCTTTATCAACACCTCTTC

● 线粒体 DNA 12S rRNA 基因片段序列：CACCGCGGTTATACGAGAGGCCCAAGTTGTTAGGCATCGGCGTAAAG
GGTGGTTAAGGCAAATCTCCAAACTAAAGCCGAACATCTTCCAAGCCGTCATACGCACACGAAGACAAGAAGCCCG
ATAACGAAAGTGGCTCTAACCTGCCTGAACCCACGAAAGCTATGACA

二、甲壳类

85 口虾蛄

学名：*Oratosquilla oratoria*（De Haan，1844）
英文名：Mantis shrimp
别名/俗名：虾蛄、皮皮虾、富贵虾、濑尿虾、虾拔弹、虾爬子、
　　　　　螳螂虾、琵琶虾

分类地位

节肢动物门 Arthropoda

甲壳动物亚门 Crustacea

软甲纲 Malacostraca

口足目 Stomatopoda

虾蛄科 Squillidae

口虾蛄属 *Oratosquilla*

形态特征　中小型甲壳类，体长130mm左右。体表没有网状脊。头胸甲较宽广，前侧角成锐刺，两侧各有5条纵脊，在中央脊的近前端部分形成Y形，在深陷的颈沟周围的胃部高起。胸部第5～8节各有2对纵脊；第5～7胸节的侧突各分前、后两部；第5胸节的前侧突长而尖锐且曲向前侧方，后侧突短小而直向侧方。前5腹节背面各有4对纵行的隆脊。捕肢的长节与座节之间的关节为端接，捕肢的腕节背缘有3～5枚齿，捕肢掌节外缘有栉状齿。体表无黑色斑纹。雌雄异体，雄性胸部末节有交接器。

分布范围　印度-太平洋海域，从红海、莫桑比克海峡、印度沿海至夏威夷海域，北至鄂霍次克海，南至澳大利亚和新西兰。我国沿岸和近海海域均有分布，是我国南、北沿海最常见的种类之一，也是口足类的优势种。

生态习性　广温性浅海种类，一般在5～60m的水深都有发现。穴居于海底泥沙砾石的洞中，也常在海底游泳，常摇动腹部的鳃肢，以扩大与水的接触面而呼吸。以底栖动物如多毛类、小型双壳类及甲壳类为食。

条码序列 ■ ■ ■ ■

● 线粒体DNA *CO I* 基因片段序列：GATATTGGTACTTTATATTTTATCTTAGGAGCTTGATCAGGAATAGTAGGAACAGCTCTTAGTTTAATTATTCGAGCAGAGTTAGGACAACCAGGTAGATTAATTGGAGATGATCAAATCTATAATGTTATCGTTACAGCTCATGCTTTTATTATAATTTTCTTTATAGTAATACCTATTATAATTGGAGGATTCGGTAATTGATTAGTTCCACTTATATTAGGAGCTCCTGATATAGCATTCCCCCGAATAAATAACATAAGTTTTTGGTTATTACCACCAGCACTCACTCTTCTTCTTTCAAGAGGGTTAGTGGAAAGAGGGGTTGGAACAGGTTGAACTGTCTATCCTCCTTTATCTGCAGGGATTGCCCACGCAGGTGCTTCTGTAGATATGGGTATTTTTTCTCTACATTTAGCAGGAGCTTCATCAATCTTAGGAGCCGTAAATTTTATTACGACAGTTATTAATATACGTTCCAATGGAATAACTATAGACCGTATGCCTTTATTTGTATGAGCTGTTTTTATTACAGCAATTTTATTACTACTTTCTCTCCCTGTTCTAGCAGGAGCTATTACTATATTATTAACAGACCGTAACTTAAATACTTCATTCTTCGATCCTGCAGGAGGAGGAGACCCAGTTTTATATCAACATTTATTTTGATT

● 线粒体DNA 12S rRNA 基因片段序列：CCTGGGTAGTATATAGCTATCGTCTCGAAACCCAAAGAGTTTGGCGGTATCTCAGTCTAGTTAGAGGAGCTTGTTCGGTAATCGATAATCCGCGAAAAATCTTACGTATTTTTGTAGACAGTTTATATACCGTCGTTATTAGATAATATTAAAAGATAAATAATTATCTAAATATATTAAAATATAATATATCAGATCAAGGTGTAGCTTATAAATACGGCTGAATGAGCTACAATTTATTGAAATAAAAACGGATTTTATTTTTAAATAAATAATTAAAGGTGGATTTAATAGTAATTG

分类地位

节肢动物门 Arthropoda

甲壳动物亚门 Crustacea

软甲纲 Malacostraca

十足目 Decapoda

对虾科 Penaeidae

赤虾属 *Metapenaeopsis*

戴氏赤虾 86

学名：*Metapenaeopsis dalei*（Rathbun，1902）

英文名：Kishi velvet shrimp

别名 / 俗名：红筋虾、霉虾

形态特征 中小型虾类，常见体长40～70mm，体重1.5～3.5g。甲壳厚而粗糙，表面生有密毛。额角短，末端尖，伸至第1触角柄第1节末缘，齿式5～8/0。腹部第2～6节背面中央具极强的纵脊，尾节甚长，长度稍大于第6腹节，后半部两侧具3对活动刺。雄性交接器不对称，左叶末端具3～4个刺状突起。身体遍布斜行排列的红色斑纹。

分布范围 西北太平洋，朝鲜半岛和日本南部海域。我国分布于渤海、黄海、东海和南海北部海域。

生态习性 亚热带近岸种类，常栖息于水深20～65m的泥沙底质浅海，幼虾分布于盐度较低的近岸海域。繁殖期5～8月。

条码序列 ■ ■ ■ ■ ···

● 线粒体DNA *CO I* 基因片段序列：GACATTATATTTTATTTTCGGAGCATGATCAGGTATAGTAGGGACTGCTTTAAGACTAATCATTCGAGCTGAATTGGGACAACCTGGTAGCCTTATTGGAGATGATCAAATTTATAATGTGGTAGTCACTGCTCACGCATTCGTAATAATTTTCTTTATAGTTATACCAATCATGATTGGAGGATTTGGAAACTGATTAGTCCCATTAATATTAGGGGCCCCTGATATGGCTTTCCCTCGAATAAATAATATAAGATTCTGATTGCTTCCCCCTTCCCTAACTCTTTTACTTTCGAGTGGAATGGTAGAAAGAGGGGTAGGTACAGGATGAACTGTTTATCCCCCTCTTGCAGCCGGAATTGCTCATGCTGGAGCTTCCGTTGACATAGGAATTTTCTCTCTACATTTAGCAGGAGTGTCTTCTATTTTAGGGGCCGTAAACTTCATAACTACAGTAATTAATATACGAGCATCTGGAATAACAATAGACCGAATACCTTTATTTGTTTGATCTGTCTTTATTACAGCACTACTTTTACTCTTGTCATTACCAGTTTTAGCCGGGGCTATTACAATATTACTAACAGACCGAAATCTTAATACATCTTTCTTCGATCCTGCAGGAGGGGGGGATCCCATTCTCTACCAACATCTATTC

● 线粒体DNA 12S rRNA 基因片段序列：AAGGGTTTAATTCTGGCCTGGTGGTTATATTTGGGTGCTCTATATGAAAGACTTGGCTAGTTTTTAGGGCGCAGTAGATATTTTTAGGGGTTTCCTTTTAGGAGTCCTAGCATCTCAGCCGGCTAAAGGGGTGCCAGCAACCGCGGTTAAACCTCAGGCTTTTTAAC

87 周氏新对虾

学名：*Metapenaeus joyneri*（Miers，1880）
英文名：Joyner's shrimp，Shiba shrimp
别名 / 俗名：麻虾、芝虾、黄虾

分类地位

节肢动物门 Arthropoda

甲壳动物亚门 Crustacea

软甲纲 Malacostraca

十足目 Decapoda

对虾科 Penaeidae

新对虾属 *Metapenaeus*

形态特征　中型虾类，体长70～100mm。甲壳薄，表面有许多凹下部分，其上密生短毛。额角比头胸甲短，伸至第1触角柄第2节（雄性）或第3节（雌性）的末端附近，上缘基部2/3处有6～8枚齿，末端略向上升起，下缘无齿。头胸甲上颈沟、心鳃沟和脊明显，肝沟明显且其下缘极深；具肝刺和触角刺。腹部各节背面均具纵脊，第1腹节背脊短小。尾节稍长于第6腹节，末端尖细，无侧刺。第1触角上鞭稍长于下鞭。第1～3步足各具1基节刺，第1步足不具座节刺。雄性交接器略呈长方形，雌性交接器中央板呈匙形。甲壳薄而呈半透明，带浅黄色，散布有棕灰色小斑点。

分布范围　西北太平洋，从朝鲜半岛和日本南部海域至中国南海。我国分布于山东半岛南岸以南的沿岸海域。

生态习性　栖息于泥沙底质的浅海，常生活于港湾内，成群游泳。夏季出现比较多，6～7月产卵。

条码序列　■ ■ ■ ■ ....

● 线粒体 DNA *CO I* 基因片段序列：ATTATCACGCAACGATGATTATTTTCTACAAACCATAAAGACATTGGAACTTTATATTTTATTTTCGGAGCTTGAGCTGGAATAGTAGGTACAGCCTTAAGTTTGATTATTCGGGCCGAACTTGGTCAACCGGGTAGACTTATTGGAGACGACCAAATTTATAACGTCGTAGTCACTGCCCACGCTTTTGTTATAATTTTCTTTATAGTTATACCAATCATGATTGGTGGGTTTGGTAATTGACTCGTCCCTCTTATGCTTGGTGCCCTGATATAGCATTCCCACGAATGAATAATATGAGTTTTTGATTACTCCCCCCGTCTCTGACACTTCTACTCTCTAGAGGAATAGTGGAAAGAGGTGTAGGAACAGGATGAACAGTTTATCCTCCCCTAGCAGCAGGAATTGCTCATGCAGGAGCTTCAGTTGATATAGGAATTTTTTCGCTACATCTTGCTGGAGTTTCATCTATTTTAGGAGCTGTTAATTTCATAACAACAGTAATCAATATACGACCCGCCGGAATAACTATAGACCGTATACCACTTTTTGTATGAGCTGTATTTATTACAGCTTTACTTCTTTTATTATCTTTACCAGTTTTAGCAGGAGCTATTACTATACTACTAACAGACCGAAATCTTAACACTTCCTTCTTCGACCCTGCTGGAGGAGGAGAC

● 线粒体 DNA 12S rRNA 基因片段序列：GAAAAGTTTTATCCTGGCTTGTTCTTTTGTTTTCAGATTAATAGATACATGTAAGGTTTTTATCGTGCCGATAATTTATTTAAATAAATATTAGATATGTTTAAAAATTAATATTGAAAGATTTTGATGAAATATAAATTCGCAGTATCTAGTGCTAGTTAATAAATGAAAGTTAGATTTGGTAATTCTGATAATATATCTGGTTAAAATTTGTGCCAGCAG

鹰 爪 虾 88

分类地位

节肢动物门 Arthropoda
甲壳动物亚门 Crustacea
软甲纲 Malacostraca
十足目 Decapoda
对虾科 Penaeidae
鹰爪虾属 *Trachysalambria*

学名：*Trachysalambria curvirostris*（Stimpson，1860）
英文名：Sand pink shrimp，Eagle claw shrimp
别名/俗名：沙虾、厚皮虾、鸡爪虾、立虾

形态特征　中型虾类，常见体长50～95mm。体形粗短，腹部弯曲时形如鹰爪。甲壳较厚，体表粗糙，密被绒毛。额角上缘有7枚齿，下缘无齿；雄性额角平直前伸，而雌性额角末端向上弯曲；额角侧脊伸至额角第1齿的基部，额角后脊延伸至头胸甲后缘附近。尾节稍长于第6腹节，背面有一纵沟，后部两侧具3对活动刺。第一小颚内肢不分节。第一步足具座节刺和基节刺。雄性交接器呈T形。雌性交接器前板略呈半圆形，其前端稍尖，后部中间下凹。身体棕红色。

分布范围　地中海和印度-西太平洋。我国沿海均有分布。

生态习性　广温广盐性虾类。栖息于近海泥质细沙海底，昼伏夜出。主要以腹足类和双壳类动物为食。有洄游习性，春季从越冬海域向近海聚集，进行产卵活动。繁殖期5～9月。分批排卵，产卵期较长，产卵场分布广。

条码序列　■ ■ ■ ■ ···

● 线粒体 DNA *CO I* 基因片段序列：CTTTATATTTTATTTTCGGAGCTTGAGCTGGGATGGTAGGTACCGCTTTAAG
CTTAATTATTCGAGCTGAACTAGGTCAACCAGGTAATCTTATTGGAGATGATCAAATCTATAATGTAGTTGTTACTG
CCCACGCTTTTGTAATAATTTTTTTTTATGGTTATACCAATAATAATCGGGGGATTTGGGAACTGATTAGTTCCCCTT
ATATTAGGAGCCCCTGATATAGCTTTCCCACGAATGAATAATATAAGATTTTGACTTCTCCCACCTTCTTTAACACT
TCTTCTTTCCAGAGGTATAGTAGAAAGAGGAGTAGGAACTGGATGAACTGTTTACCCTCCCTTAGCAAGTGGTATTG
CACATACAGGTGCTTCAGTTGATATGGGGATCTTTTCATTACATCTGGCTGGGGTTTCATCTATTTTAGGGGCTGTAA
ACTTTATAACAACAGTAATTAATATACGTTCATCAGGAATAACAATAGACCGTATACCATTATTCGTTTGATCAGTC
TTCATTACAGCCCTCCTCTTACTTTTATCTCTTCCGGTTTTGGCCGGAGCAATTACTATGCTTCTAACCGACCGAAAT
TTAAATACATCTTTCTTTGACCCCGCAGGAGGTGGAGATCCCATCCTTTACCAACATTTATTTT

● 线粒体 DNA 12S rRNA 基因片段序列：GACTTTTGGTTAAAAATACTTAAGTGTTAGATTTATTTTAGGTGAAT
TGTTTTGTGTCAATAAAGGGTGAAATCGATTTTTTATTGTATAAATAATTTTGTTTAATCTAATGTGATTGAGGTTGT
TAAAGTTAAGGTATGAACCAGGATTAGAGACCCTGTTACACTTTACTTTAAGTTTAAATACCTGGGTAGTAAGCAGT
TATAATCTTGAAACTTAAAGGATTTGGCGGTAATTTAGTCTAGTTAGAGGAACCTGTCCTGTAATCGATAGTCCACG
AAGAATCTTACTTTATTTTGAATATTTCAGTTTATATACCGTCATTATTAGATAACTTTAAGAAAATGTGGGAGTTA
TTATAATAGTTTTGAGCTAGTATATTAGATCAAGGTGTAGCTAATGGTAAAGTAGAGATGGGTTACAATAATATTGG
TTTAATAAAACGGATCAAAAGTAGAAAGCTTTTGTAAAGGAGGATTTAAATGTAAAGACATTTTAACATGATGTCTT
GATTATAGCTCTAGATTATGTACACATCGCCCGTCGCTCT

89

中国毛虾

学名：*Acetes chinensis* Hansen，1919
英文名：Northern shrimp
别名 / 俗名：毛虾、虾皮、小白虾、水虾、糯米饭虾

分类地位

节肢动物门 Arthropoda

甲壳动物亚门 Crustacea

软甲纲 Malacostraca

十足目 Decapoda

樱虾科 Sergestidae

毛虾属 *Acetes*

形态特征　小型虾类，常见体长26～40mm。体侧扁，甲壳薄而软。眼圆形，眼柄细长。额角极短小，上缘有2枚齿。头胸甲具眼后刺和肝刺。腹部以第6节最长。尾节很短，末端圆而无刺，后侧缘及末端具羽状毛。前3对步足均有微小的钳状螯，第4、5步足完全退化。雄性交接器的外叶狭长，末端膨大；雌性生殖板后缘中央有一深凹，形成2个乳头状突起。体无色透明，口器部分及第2触鞭呈红色，第6腹节的腹面微红色。尾肢的内肢基部有1列红色小点，数目3到10个不等。

分布范围　我国特有种。广泛分布于我国渤海、黄海、东海和南海北部的沿岸海域。

生态习性　属浮游性虾类。为沿岸低盐种，栖息于泥沙底质的近岸浅海或内湾，在河口附近很多。有昼夜垂直移动的习性，白天栖息于近底层，夜间密集在表层。主要以硅藻、浮游动物及有机残渣为食。有洄游习性，春季从50m水深以东的越冬场向近海洄游，5～8月在沿岸低盐的浅海产卵繁殖。幼虾在浅海索饵成长，秋季逐渐集群向外侧海域作越冬洄游。生长发育很快，生命周期短，繁殖力强，一年能繁殖2个世代。

条码序列　■■■■■……………………………………………………

● 线粒体 DNA *CO I* 基因片段序列：ATTTTATCTTCGGAGCTTGAGCCGGAATAGTAGGTACCTCTTTAAGACTAATTATTCGAGCAGAGTTAGGACAACCTGGTAGTCTAATTGGAGACGATCAAATCTATAATGTAGTTGTTACAGCTCACGCTTTTATTATAATTTTTTTTATGGTAATACCTATTATGATTGGAGGATTTGGTAACTGACTAGTACCCCTAATATTAGGAGCCCCAGATATAGCTTTCCCACGAATAAATAATATAAGTTTTTGAATACTTCCTCCTTCATTAACCCTTTTATTGTCTAGTGGGCTTGTTGAAAGAGGGGTAGGGACAGGATGAACTGTTTACCCACCTCTCGCGGCAGGGATTGCTCACGCCGGTGCTTCCGTAGATTTAGGTATTTTTTCGCTTCATTTAGCTGGAGTATCTTCTATCCTAGGCGCCGTTAATTTTATAACAACAGTAATTAATATACGAAGAATAGGAATAACAATGGACCGACTACCACTATTTGTATGAGCAGTGTTCATTACTGCTTTACTATTATTACTTTCTTTACCTGTATTAGCAGGTGCTATTACTATACTTTTAACTGATCGAAATCTAAATACATCTTTCTTTGACCCTGCAGGAGGGGGGGATCCAATCCTCTACCAACATTTATTC

● 线粒体 DNA 12S rRNA 基因片段序列：ATATTACTTCTAGATACACTTTCCAGTACATCTACTATGTTACGACTTATCTCACTTTATAAGCGAGAGCGACGGGCGATGTGTACATAAACTAGAGCTAAGTTCATAATGTCTTATTATTCCATTATTACTATTAAATCCACCTTCAAAAAAACATTCTATTTTTTATCCGTTTAAATCAATTCTAATGTAACTCATTACTTCCTTTTTATAGGCTGCACCTTGATCTAATATTAACATTAAATATTATTATAATAATTAAACTTTTAAATATTATCTAATAATGACGGTATACAAACTGTTTTTACAAAAAAAGGTAAGATATTA

节肢动物门 Arthropoda

甲壳动物亚门 Crustacea

软甲纲 Malacostraca

十足目 Decapoda

玻璃虾科 Pasiphaeidae

细螯虾属 Leptochela

细 螯 虾 90

学名：*Leptochela gracilis* Stimpson，1860

英文名：Lesser glass shrimp

别名 / 俗名：麦秆虾、钩子虾、铜管子

形态特征　小型虾类，体长 25 ～ 45mm。甲壳厚而光滑。眼圆，眼柄较短。额角短小，呈刺状，上下缘均无齿。头胸甲上、下无刺或脊；腹部第 4、5 节背面具纵脊，第 5 腹节的背纵脊末缘突出成一长刺；第 6 腹节的前缘背面隆起形成横脊，两侧腹缘各有 3 个小刺。腹部第 5、6 节间甚屈曲。尾节末端突出，有 5 对可动刺；尾肢略短于尾节，内肢末端外缘有 6 ～ 7 个小刺；外肢的外缘生有一列短毛，其间散有约 10 个可动短刺。步足均具外肢。体透明，散布红色斑点，腹部各节后缘的红色较浓。

分布范围　西北太平洋，朝鲜半岛和日本南部海域。我国沿海均有分布。

生态习性　河口性种类，能适应较低的盐度环境。主要分布在 20m 以浅的近海，生活在泥底或沙底的浅海中，常与毛虾混栖。

条码序列 ■ ■ ■ ···

● 线粒体 DNA *CO I* 基因片段序列：ATATTGGAACTTTATATTTTATTTTCGGAGCATGAGCTGGAATAGTAGGCACCTCTTTAAGTCTTCTTATTCGGGCCGAACTGGGACAACCAGGAAGATTGATCGGAAATGACCAAATTTATAATGTTATCGTAACTGCCCACGCTTTCGTAATAATTTTTTTTATAGTTATGCCTATTATAATTGGAGGATTTGGAAACTGACTAGTACCTCTTATACTTGGTGCCCCCGATATAGCTTTCCCACGTATGAATAATATAAGATTTTGACTTTTACCTCCTGCTCTAACTTTACTTCTTACCAGAGGAATAGTAGAAAGTGGAGTGGGAACAGGATGAACAGTGTATCCTCCTTTAGCCTCGGGAATTGCCCACGCCGGAGCATCTGTTGATATGGGTATTTTTTCGTTACATCTAGCAGGTGTTTCTTCTATCTTAGGAGCGGTTAATTTCATAACAACAGTTATTAATATGCGACCTTCCGGCATGTCTATAGATCGAATACCACTATTTGTATGGTCCGTCTTCATTACAGCCATTTTACTACTTCTGTCACTTCCAGTGCTAGCAGGAGCCATTACAATACTTCTTACTGACCGAAATCTAAATACCTCATTCTTCGATCCTGCTGGAGGGGGAGACCCAATTCTTTATCAACATTTATTTTGATTTTT

● 线粒体 DNA 12S rRNA 基因片段序列：TAGATACCCTTTTATTCTGATAGAAATTAATAAAACTTGAGTAGTAAAAAGTTATGATCTTTAAACTTAAAGGATTTGGCGGTATTTTAGTCTAGTTAGAGGAGCCTGTTCTATAAACGATAAACCACGAATAATCTTACTTCTTTTGGTAAATCAGTTTGTATACCGTCATTATTAGACAATTTTAATAGATATTTGTTGTAATATATAATTTTAGTATTATTAGATCAAGGTGCAGCTAATAAGGAAGTAAGTAATGGGCTACAATTATATTTGATAATCATGGATAAGTATCTGAAAAGTGTTTTGAAGGAGGATTTAATAGTAATTTTTATTTAATATGATAAAATGATATTAGCTCTAGAATATGTACACATCGCCC

91 日本鼓虾

学名：*Alpheus japonicus* Miers，1879
英文名：Japanese snapping shrimp
别名 / 俗名：强盗虾

分类地位

节肢动物门 Arthropoda

甲壳动物亚门 Crustacea

软甲纲 Malacostraca

十足目 Decapoda

鼓虾科 Alpheidae

鼓虾属 *Alpheus*

形态特征　小型虾类，甲长30～50mm，体重1～3g。额角尖细，达第1触角柄第1节末端，额角后脊不明显。尾节背面圆滑无纵沟，具2对可动刺。大螯细长，长为宽的3～4倍，掌部的内、外缘在可动指基部后方各有一极深的缺刻。小螯特细长，其长度与大螯相等，长为宽的10倍左右。第2步足的腕节由5小节组成。体色呈棕红色或绿褐色。

分布范围　西北太平洋，朝鲜半岛和日本南部海域。我国沿海均有分布。

生态习性　生活于泥沙底质的浅海，喜穴居。主要以蠕虫和小鱼为食。遇到敌害时能开闭大螯的指，发出响声如小鼓。

条码序列 ■ ■ ■ ■ ·······································

- 线粒体DNA *CO I* 基因片段序列：TATTTTCGGCGCCTGAGCTGGAATAGTAGGGACATCCCTTAGTCTGTTAATT CGGGCCGAACTAGGCCAACCAGGCAGACTAATTGGAAATGACCAAATTTACAATGTAATCGTAACAGCCCACGCATT TGTTATAATTTTTTTTTATAGTTATACCTATTATAATCGGAGGATTTGGAAATTGACTCGTACCCCTAATATTAGGGGC CCCTGATATAGCTTTCCCACGAATAAACAATATAAGATTCTGACTGCTTCCCCCCTCTTTAACCCTTCTTCTATCTA GAGGGTTAGTCGAAAGTGGGGTTGGCACAGGGTGAACTGTTTACCCTCCCCTATCAGCAGGCATCGCCCATGCCGGA GCTTCAGTAGATCTGGGAATTTTTAGACTCCATCTGGCTGGGGTCTCTTCAATTCTAGGGGCAGTTAACTTTATAACC ACAGTCATTAATATACGAACAACGGGGATAACTATGGATCGAATACCCCTATTTGTATGAGCTGTGTTCCTAACAGC TATCCTCCTCCTATTAAGACTTCCAGTCTTAGCGGGGGCCATCACCATACTCTTAACAGATCGAAACCTCAACACGG CATTCTTTGACCCGGCAGGAGGGGGCGACCCAATTCTCTATCAGCACCTATTT

- 线粒体DNA 12S rRNA 基因片段序列：ATTAATTATTATGTTTATCTTTTTACTGAATTTTAGTTTATGTGTTAA GTATGTTATATAAGTTTTATGGCCGATTATAAGTTTGATCCTTGCTTGTGTTTTAGTTTATCTTAAGGTACATGAAAA TTTAAGTTTAGTTGTAGATATTAATTACCCTGAGTGGTTTAATTAGGTAAATTCTCAGTACATAGGATTAGGTTATAT AAAGTGATCTTTGAGCTAGTAGTCGAATATAAGTTCAGGCTAAAATTGTGCCAGCAG

三疣梭子蟹

分类地位

节肢动物门 Arthropoda

甲壳动物亚门 Crustacea

软甲纲 Malacostraca

十足目 Decapoda

梭子蟹科 Portunidae

梭子蟹属 *Portunus*

学名：*Portunus trituberculatus*（Miers，1876）

英文名：Swimming horse crab

别名 / 俗名：梭子蟹、蝤蛑、蓝蟹

形态特征　大型蟹类，常见甲长140～190mm。头胸甲呈梭形，宽约为长的2倍。甲壳背面稍隆起，覆盖有细小的颗粒，中胃区有1个、心区有2个疣状突起。额具2枚锐刺，略小于内眼窝齿。背眼窝缘凹陷，具2条裂缝。腹内眼窝齿长且尖，向前突出超过额部。颊区具毛，第3颚足长节外末角钝圆。前侧缘具9枚锐齿，末齿长刺状，后缘与后侧缘连成弧形，后缘较直。螯足长而粗壮，长节棱柱形，雄性较雌性长且细，前缘有4枚锐刺，腕节内、外缘各有1枚刺，掌节背面与外侧面各有2条隆脊，背面2条的末端各有1枚刺；指节与掌节等长，内缘均具钝齿。末对步足桨状，长节、腕节宽且短。雄性第1腹肢细长，弯曲，末半部具有指向后侧方的小刺。雄性腹部三角形，第6节梯形，长大于宽，两侧缘较平直，前缘凹，尾节圆钝形，末缘钝圆。

分布范围　印度-西太平洋，从红海、印度沿海至马来群岛和菲律宾海域，北至朝鲜半岛和日本海域。我国沿海均有分布，群体数量比较大，是我国海洋捕捞产量最大的蟹类。

生态习性　广温广盐性近海种类，栖息于10～50m的沙泥或沙质海底。善游泳，速度较快，耐力较强，遇到敌害时可迅速潜入海底，隐于石下或沙泥间。白天多潜伏在海底，夜间游到中上层觅食。捕食凶猛，食量大，消化力强。有生殖洄游和越冬洄游的习性，春、夏季常在浅海尤其是港湾或河口附近产卵，冬季洄游至10～30m深的海底泥沙里越冬。

条码序列　■ ■ ■ ■

● 线粒体 DNA *CO I* 基因片段序列：TACATTATATTTTATTTTTGGAGCATGATCAGGAATAGTAGGAACTTCACTTAGTCTAATTATTCGTGCTGAATTAGGACAACCCGGTACTCTTATTGGCAACGACCAAATTTACAATGTTGTAGTCACAGCTCATGCTTTCGTCATGATTTTCTTTATAGTTATACCAATCATAATTGGAGGATTCGGTAATTGATTAGTACCCCTAATATTAGGAGCTCCTGATATAGCCTTCCCCCGTATAAATAACATAAGATTCTGACTTCTTCCTCCTTCATTAACTCTTCTTCTTATAAGAGGTATAGTAGAAAGAGGTGTAGGTACTGGATGAACTGTATATCCTCCTCTTTCTGCCGCAATTGCCCATGCCGGTGCATCAGTAGACTTAGGAATTTTTTCTCTTCATTTAGCAGGAGTTTCATCTATTTTAGGTGCAGTAAATTTTATAACCACTGTTATTAATATACGATCTTTTGGTATAAGAATAGACCAAATACCACTATTTGTATGATCGGTATTTATTACTGCAATTCTTCTTCTTTTATCTCTCCCTGTTCTGGCAGGAGCTATTACTATACTTCTCACAGATCGTAATTTAAATACTTCATTCTTCGATCCTGCCGGGGGTGGAGACCCCGTTCTTTACCAACATCTCTTC

● 线粒体 DNA 12S rRNA 基因片段序列：ACCAGAAAGTAATCATAGTATACCTGAGTAGTAACAGTTATGTTCTAAAAATTTGAAAAATTTGGCGGTGGTTTAGTCTTGTCAGAGGAACCTGTCTTTTAAACGATACACCACGAAATATCTTACTTAAGTTTGTAGAGTATGTATACCATCATTATTAGGTAATTTTTATAGAATAAATTACTGGGACAATATAATAATGTTAAATATATTAGATCAAGGTGCAGCTTATGCTTAAGTTATGATGGGTTACAATAGTATTTATACTATTACGAATAAGCAAATGAAATTTTGCTTTGAAGGAGGATTTGATTGTAAACTTAGTTTAATAAGCTAATTAGATATAAGCTCTAAAGCATGT

93 锈斑蟳

学名：*Charybdis feriata*（Linnaeus，1758）
英文名：Corab crab
别名 / 俗名：花斑蟳、斑纹蟳、花蟹、红花蟹、拔卓子、海蟳

形态特征　大型蟹类，甲长50～95mm，体重80～450g。头胸甲呈横椭圆形，宽约为长1.5倍。幼体甲面密具绒毛，长大后表面光滑，分区不明显。额具6齿，各齿大小相似，前侧缘具6齿，第3～5齿大，末齿小而尖锐。在头胸甲的前半部正中具有1条橘黄色的纵斑，从额后延续至心区，在前胃区也常有1条橘黄色的横斑，两者成十字交叉。在甲面的其他部分有红黄相间的斑纹。

分布范围　印度-西太平洋，从非洲东部至马来群岛，南至澳大利亚，北至日本南部海域。我国分布于东海和南海。

生态习性　暖水性近海广布种。主要栖息在泥或泥沙底质、水深30～80m的沿岸和近海海域。繁殖期7～12月。

条码序列 ■ ■ ■ ■ ......

● 线粒体 DNA *CO I* 基因片段序列：GATATTGGTACATTATATTTTATCTTCGGAGCTTGATCAGGAATGGTTGGGACATCATTAAGACTAATTATTCGAGCCGAACTAGGTCAACCAGGTACCCTAATTGGGAATGATCAAATTTATAATGTTGTTGTTACTGCCCATGCATTTGTTATAATTTTCTTTATAGTTATACCAATTATAATTGGAGGATTTGGTAACTGACTTGTACCTTTAATATTAGGAGCTCCTGATATAGCATTTCCTCGTATAAATAATATAAGATTTTGACTTCTTCCTCCTTCTTTAACATTACTCCTAATAAGAGGGATAGTTGAAAGAGGTGTCGGTACTGGATGAACCGTGTACCCTCCTTTAGCAGCCGCTATTGCCCACGCAGGTGCTTCTGTTGATCTTGGTATTTTCTCTCTTCACCTGGCCGGTGTTTCCTCTATTTTAGGAGCTGTAAATTTTATAACTACTGTTATTAACATACGCTCTTTTGGTATAAGAATAGATCAAATACCTCTATTTGTATGATCAGTATTTATTACCGCAATTCTCCTTTTATTATCTCTCCCTGTCCTGGCTGGAGCTATTACTATATTATTGACAGACCGTAATTTAAATACTTCATTTTTTGATCCTGCAGGAGGAGGAGATCCTGTTCTCTACCAACACTTATTTTGATT

● 线粒体 DNA 12S rRNA 基因片段序列：CCAGGGAGAATTAATAAAAGGCCTAAGTAGTAATAGTTATGTCCTAAAAATTTGAAGAATTTGGCGGTGATTTAGTCTAGTCAGAGGAACCTGTTTTTGAATCGATAAACCACGAATAATCTTGCTCAATTTTGTAAAGTATGTATACCATCATTATTAGGTAATTTTTATAGAATAAATTACTGAATTTGCTAATAATGTTAAATATATTAGATCAAGGTGCAGCTTATAGTTGAGTTAAAATGGGTTACAATAAGTTTTTATTTATCACGGAGATATAGTTTAAACACTAGTTTATGAAGGAGGATTTGATTGTAAGATAAGTTTAACACGCTTGTTAGATATAAGCTCTAAATCATGTACACACCGCCCGTCACCCTCAACA

三、头足类

94 小头乌贼

学名：*Cranchia scabra* Leach，1817
英文名：Smallhead cuttlefish
别名/俗名：粗糙小头乌贼、玻璃鱿鱼、透明鱿鱼

分类地位

软体动物门 Mollusca

头足纲 Cephalopoda

开眼目 Oegopsida

小头乌贼科 Cranchiidae

小头乌贼属 *Cranchia*

形态特征　小型头足类，最大胴长150mm。体略呈椭圆形，前平后尖，薄而坚实。外套表面布满软骨质瘤，每个瘤上有3～5个尖突，漏斗与外套两侧愈合部各仅具1个分叉的软骨质瘤状突起带。漏斗器具大的漏斗阀。单鳍近卵形，具游离的后鳍垂。触腕穗仅具吸盘，无钩；触腕柄远端2/3具斜对称的吸盘和瘤突；触腕穗吸盘内角质环全环具尖齿。腕短而长度不等，吸盘内角质环远端具圆齿。雄性右侧第4腕茎化，扩大吸盘内角质环全环具圆齿。角质颚上颚喙内表面光滑，翼部延伸至侧壁前缘宽的近基部处，脊突弯曲；下颚喙缘弯曲，喙短，约为头盖长的70%；脊突宽，不增厚。内壳略呈长柄小勺形，后端具一短小尾椎。两眼各有14个卵形发光器，成熟和接近成熟的个体各腕的顶端也有发光器。

分布范围　世界各大洋的热带和亚热带海域。我国分布于东海和南海。

生态习性　幼体多生活在大洋表层或上层，成体多生活于500m以内的深层海域。受惊吓时会把头和触手缩回胴腔，并使肉鳍紧贴外套膜，从而变成一个圆球自保。

条码序列 ■ ■ ■ ■ ....

● 线粒体DNA *CO I* 基因片段序列：TACATTGTACTTTATTTTTGGTATTTGAGCAGGTTTATTAGGAACCTCTTTA
AGACTTATAATTCGAACCGAACTTGGTCAGCCAGGCTCACTCTTAAACGATGATCAGCTTTATAACGTAGTAGTTAC
TGCTCATGGATTTATTATAATTTTCTTTTTAGTAATACCTATTATAATTGGAGGTTTTGGCAATTGATTAGTTCCTTT
AATACTAGGAGCTCCAGATATAGCCTTTCCACGTATAAATAATATAAGATTTTGGTTATTACCCCCATCTTTAACCT
TATTATTGGCATCTTCAGCAGTTGAAAGAGGAGCTGGGACAGGATGGACAGTGTATCCACCTTTATCTAGTAATCTT
TCACATGCAGGGCCATCTGTTGATCTAGCTATTTTTTCTCTCCATTTAGCTGGTGTTTCTTCTATCTTAGGAGCTATT
AATTTTATCACAACCATTCTAAATATACGATGAGAAGGACTACAAATAGAACGATTACCTTTATTTGCTTGATCTG
TTTTTATTACTGCTATTCTTTTACTATTATCTCTCCCTGTATTAGCTGGTGCTATTACTATACTTCTTACAGACCGAA
ACTTTAACACAACCTTTTTTGACCCAAGGGGGGGAGGGGATCCTATTTTGTATCAACATTTATTC

● 线粒体DNA 12S rRNA 基因片段序列：CGCATTATAAAACCTAATTCATAAATACTCACTATTTATTAAATAT
TACTACCAAGTCCAACTTCATAAATAGATTTACACTAATTAATCCGATTAAATATTATAAATTGTAGCTCACTTTAA
ATCTTCTTTATTTGCTGCATTTTGACTTGACATTTCAACCAAACCGTTATTAAGTTTTTTACAAAATTTTTACAAAAT
AAACTGACGACAGCAATACACAAACTGTCTAAGATTCAAAAAGAAGTAAGTATAAATTGAGGATTATCAAATTAAT
AAGCAAGCTCCCCTGGAAGGATATATAACACCGCCAAGCTTTTTAAGTTTCAAACAATTAAAAAATAAAATACGAA
TTTTTATTTAGTTGTACTACTTAAGTAAACAAATTTTTAAAATAAAGAA

太平洋褶柔鱼 95

分类地位

软体动物门 Mollusca

头足纲 Cephalopoda

开眼目 Oegopsida

柔鱼科 Ommastrephidae

褶柔鱼属 *Todarodes*

学名：*Todarodes pacificus*（Steenstrup，1880）

英文名：Japanese flying squid

别名 / 俗名：日本鱿鱼、黑皮鱿鱼、火箭鱼、北鱿

形态特征　中小型头足类，最大胴长350mm。体圆锥形，后部明显偏瘦，胴长约为胴宽的5倍。漏斗陷浅穴具纵褶，浅穴两侧不具边囊。两鳍相接略呈横菱形，鳍长约为胴长的1/3。触腕穗吸盘4列，中间2列大，大吸盘内角质环具尖齿与半圆形齿相间的齿；触腕柄远端具2列稀疏的小吸盘，交错排列。各腕长相差不大，第3对腕甚侧扁，中央部突出一边膜，略呈三角形。腕吸盘2列。雄性右侧第4腕远端1/3茎化，茎化部吸盘和吸盘柄特化为圆锥形乳突和梳状保护膜。内壳角质，狭条形，后端具中空的狭菱形尾椎。体表具大小相间的近圆形色素斑，胴背中央有一条明显的黑色宽带，一直延伸到肉鳍后端，头部背面左右两侧和无柄腕中央近褐黑色。

分布范围　暖温带种，分布在西北太平洋和阿拉斯加湾。我国分布于黄海和东海。

生态习性　大洋性浅海种，栖息于表层至500m水层。生命周期约1年，1年内达性成熟。因种内存在冬生群、秋生群和夏生群，几乎周年都有繁殖。卵分批成熟后产出。卵沉性，但胶质的卵囊多悬浮在水层中或者黏附在海底物体上。是凶猛的肉食性头足类，食谱广，甚至有自相残食现象。

条码序列 ■ ■ ■ ■ ....

● 线粒体DNA *CO I* 基因片段序列：ACCCTATATTTTATCTTTGGTATCTGGGCAGGACTATTAGGTCACATCTTAAGATTAATGATTCGTACCGAATTAGGTCAACCCGGATCTTTATTAAATGATGACACATTATTTAACGTAGTAGTTACTGGCTCACGGATTCATTATAATTTTTTCATAGTTATACCTATTATAATTGGAGGATTTGGTAACTGGTTAGTTCCCTTAATATTAGGTGCTCCAGATATAGCATTCCCACGTATAAACAATATAAGATTCTGACTACTTCCTCCATCCTTAACTCTTTTATTAGCTTCATCTGCTGTAGAAAGAGGAGCCGGAACAGGTTGAACAGTTTATCCCCCTTTATCTAGGAATTTATCCCATGCTGGTCCTTCAGTTGATCTAGCAATTTTCTCACTCCACTTAGCTGGTGTCTCTTCCATTTTAGGTGCAATTAATTTCATTACAACTATCTTAAATATACGATGAGAAGGTCTTCAAATAGAACGTCTTCCTTTATTTACATGATCTGTATTTATTACAGCCATTTTATTGCTACTCTCCTTACCAGTGCTAGCAGGTGCAATTACTATGCTGTTAACTGATCGAAACTTCAATACTACTTTTTTTGATCCTAGTGGAGGGGGAGACCCAATTTTATACCAACATTTATTT

● 线粒体DNA 12S rRNA 基因片段序列：CTATTATTCTTTATTTTAAAAATTTTGTTACTTAAGTAGTATAAATGTGAACATATATATGTAGTTCTTTAGATTGTTTGAAACTTAAAAGGCTTGGCGGTGTTATATATCCTACCAGGGGAGCTGCTTATTAATTTTGATAATCCTCAATTTATACTTACTTTTTTTTTGAATTATAACAGTTTGTGTATTGCTGTCGTCAGTTTATTTGTAAAATTTTGGAAAAATCAAATAATAATATTATGGTTGTGATGTCAAGTCAAAATGCAGTTTATGAAAAAGGTTTTCAAGTGAGCTACAATTTATATTTTTTAATCGGATTAAAGAATGTAATTTTTTTTATGAAGTTGGACTTGGTAGTAATAAGAATATTATAAATAGTGAGTTCTTATGAATTGGGTTTTTATAATGCGT

96 剑尖枪乌贼

学名：*Uroteuthis edulis*（Hoyle，1885）

英文名：Swordtip squid

别名/俗名：红鱿鱼、硬皮（浙江）、拖鱿鱼（广东）、透抽（台湾）

分类地位

软体动物门 Mollusca

头足纲 Cephalopoda

闭眼目 Myopsida

枪乌贼科 Loliginidae

尾枪乌贼属 *Uroteuthis*

形态特征 体型较大，最大胴长500mm，最大体重600g。体呈圆锥形，中等粗壮。体表有大小相间的近圆形色素斑，呈红色。肉鳍约为胴长的70%，后部略向内弯，两鳍相接呈纵菱形。腕吸盘2行，腕式3>4>2>1，吸盘角质环具长板齿8～11枚，雄性左侧第4腕茎化为交接器。触腕穗吸盘4行，中间2行大，边缘和两端者小，大吸盘角质环具大小相间的尖齿。内壳角质，羽状。直肠两侧各有1个纺锤形发光器。

分布范围 西太平洋，从澳大利亚北部、菲律宾群岛至日本中部。我国分布于黄海南部、东海和南海。

生态习性 暖水性浅海种，分布于30～170m水层。冬季在深水区越冬，春夏季向近岸浅水区聚集洄游，产卵场位于砂质底的30～40m水层。1年内达性成熟，根据繁殖季节不同，一般可分为春生群、夏生群、秋生群。交配时生殖群体常游至表层，交配后不久，雌性即沉入海底集中产卵，卵鞘从漏斗中逐个产出。产卵后，亲体相继死亡。主要以甲壳类和仔稚鱼为食。

条码序列

● **线粒体DNA *CO I* 基因片段序列**：AGATATTGGGACATTATATTTTATCTTTGGGATTTGAGCAGGTTTAGTAGG TACCTCATTAAGGTTAATAATTCGAACAGAATTAGGGAAACCAGGATCACTATTAAATGATGACCAACTATATAAC GTAGTAGTTACTGCTCATGGTTTTATTATAATTTTTTTTATAGTTATACCCATTATAATTGGGGGTTTTGGAAATTGA TTAGTTCCTTTAATATTAGGTGCCCCAGACATAGCTTTTCCACGTATAAACAATATAAGATTTTGATTACTCCCACCAT CACTAACACTATTATTAGCTTCCTCCGCAGTTGAGAGAGGAGCAGGAACAGGATGAACAGTATACCCACCTTTATCTAG AAATCTTTCTCATGCAGGCCCTTCAGTTGACTTAGCTATTTTCTCACTCCATTTAGCAGGTATCTCCTCTATTCTAGGTG CTATTAATTTTATCACAACTATTATAAATATACGGTGAGAAGGACTATTGATAGAACGAATATCATTATTTGTTTGATC TGTTTTTATTACAGCAATTTTACTACTTCTTTCTCTCCCTGTTTTAGCTGGAGCAATTACTATATTACTAACTGATCGAA ACTTCAACACCACATTCTTTGACCCAAGAGGTGGTGGAGACCCAATTTTATATCAACACTTATTTTGATTTTT

● **线粒体DNA 12S rRNA 基因片段序列**：ATACCAATACTTTGAATTTATATTTAAATAGTGTAAAATAAAGTAA TAAAATTAATATTATTATTAGAATTAATGAGTATATAGATTGTAGGTAAAATTTAATCTGTATAATTAATTATACTG TTCTAAATTAATAGGTTCTTTTGAAAATAAGGTTTAAGTAGACTAGGATTAGAGACCCTATTATTCTTTATTTTAAAA ATTTTATTATTTAAGTAGTAAGAGTTATTAGCAAATATTTTATTTAATTTAATTTTGTACTTGAAACTTAAAAGGCT TGGCGGTGTCATATATCCTTCCAGGGGAGCTTGCTTATTAATTTGATATTCCTCAATTTATACTTACTTTCTTTTGAA TTATAAAAAATTGTCAGTTTGTGTATTGCTGTCGTCAGTTTATTTTGTAAAAATTTTAGAAAAAACTTTGTAATGATT AGATTATG

曼氏无针乌贼

学名：*Sepiella maindroni* Rochebrune，1884

英文名：Maindron's spineless cuttlefish

别名 / 俗名：日本无针乌贼、墨鱼、目鱼、乌贼、正宗乌贼（浙江舟山）、血墨（广东）

形态特征 小型头足类，一般胴长100～160mm，大的个体可达190mm（体重580g）。胴部盾形，胴长约为宽的2倍；胴体两侧全缘均有肉鳍，在末端分离。腕的长度相近，吸盘4行。雄性左侧第4腕茎化。内壳长椭圆形，角质缘发达，末端形成一个角质板。壳后端无针。胴腹后端有一个明显的腺孔，生殖时常流出近红色带腥臭味的浓汁，称为"血墨"。胴背有很多白色的花斑，雄性的白花斑较大，间杂一些小花斑；雌性的白花斑较小且大小相近。

分布范围 为印度-西太平洋广布种，国外分布于东南亚以及日本和朝鲜半岛。我国沿海均有分布，其中心分布区在浙江近海和闽东海域。

生态习性 浅海性暖水种，栖息在表层至50m水层。每年春夏之际，水温逐渐升高，分布在深水海域的越冬群体向岛屿附近的浅水区作生殖洄游，形成生产渔汛。产卵场海水清澈，潮流缓慢。卵子被逐个产出，有黑色胶膜包被，附着在海底的海藻、岩礁、珊瑚或其他枝状物体上，形成一串串的"黑葡萄"。刚孵出的幼体与成体的特征相近，背斑明显，活动性强。肉食性，以小型鱼类、甲壳类和大型浮游动物为食，种内相残也很普遍。1年内达性成熟，分批产卵，产卵之后死亡。

条码序列 ■ ■ ■ ■ ·····

● 线粒体 DNA *CO I* 基因片段序列：GAACATTATATTTTATTTTTGGTATTTGATCAGGTTTATTAGGTACTTCATT AAGTTTAATAATTCGAAGAGAATTAGGAAAACCAGGTACTCTATTAAATGATGATCAATTATATAATGTTGTAGTAA CCGCCCACGGTTTTATCATAATTTTCTTTTTAGTTATACCTATTATAATTGGAGGTTTTGGTAATTGGTTAGTTCCCT TAATATTAGGGGCACCAGACATAGCCTTCCCTCGAATAAATAATATAAGTTTTTGGTTATTACCTCCATCTTTAACT CTTTTTATTATCATCCTCAGCTGTAGAAAGAGGTGCTGGAACTGGATGAACAGTATATCCTCCCTTATCTAGTAATCT TTCTCATGCTGGCCCATCTGTAGATTTAGCTATTTTTTCTTTACATTTAGCTGGTGTTTCCTCAATCTTAGGTGCTAT TAATTTTATTACAACATTTTTAAATATACGGTGAGAGGGTTTACAAATAGAACGACTCCCTTTATTTGTTTGATCCG TATTTATTACAGCTATTTTTACTACTACTATCCTTACCAGTTTTTAGCTGGAGCCATTACTATATTATTAACCGATCGA AATTTTAATACAACATTTTTTGACCCTTGTGGAGGAGGTGACCCTATTTTATATCAACATTTATTTTG

● 线粒体 DNA 12S rRNA 基因片段序列：CTATTATTCTTTATTTTAAAAATTTTTTACTTAAGTAGTGTAAATGA TAAAAATAAATAAGTATTTGAAACTTAAAAAGCTTGGCGGTGTTATAGATCCATTTAGGGGAGCTTGTTTATTAATT TGATAATCCTCAATAAACTCTTACTTTTTCTTGAATATGTTAATTACAGTTTGTATATTGCTGTCATCAGTTTATTTT GTAAAATTATTTAAAGGACTTGAAGTATAGATTACTAATATGTCAAGTCAAAATGCAGCTAATGGAGAAGGTTT AAAGTAAAAATGAGCTACATTTTATAATTTTTAATTGGATTAAATTATGTAATAGTTTATGAATTTGGACTTAATAG TAATATAATTAAATAGTGTGTTTATATGAATTGTTTTGGTTTTTGTAATGCGT

98 双喙耳乌贼

学名：*Lusepiola birostrata*（Sasaki, 1918）
英文名：Butterfly bobtail squid；Lantern cuttlefish
别名／俗名：墨鱼豆

形态特征　小型头足类，最大胴长21mm。胴部圆袋形，体表具许多色素斑点，其中一些较大。肉鳍较大，略近圆形，位于胴部两侧中部，状如"两耳"。长度约为胴长的2/3，无柄腕腕式3>2>1>4，腕吸盘2行，角质环不具齿，雄性左侧第1腕茎化，较右侧对应腕粗壮，前方边缘生有两个弯曲的喙状肉突，顶部密生2行突起。触腕穗稍膨突、短小、吸盘小，10余行，细绒状，内壳退化。

分布范围　西太平洋。我国沿海均有分布，黄渤海较多，东海、南海较少。

生态习性　温水种。营底栖生活，栖息于大陆架至大陆架斜坡的边缘海域。早春从深水区向沿岸内湾作生殖洄游，秋后游向深水海区越冬。

条码序列 ■■■■ ....

● 线粒体 DNA *CO I* 基因片段序列：CACTTTATACTTTATTTTTGGTATTTGATCTGGCTTATTAGGAACATCTTTAAGTTTAATAATTCGAACTGAATTAGGTAAACCTGGTTCTTTACTAAATGATGACCAATTATATAATGTAGTAGTAACTGCCCATGGTTTTGTAATAATTTTCTTTTTAGTGATACCTATTATAATTGGAGGATTTGGAAACTGATTAGTTCCCTTAATATTGGGAGCTCCTGATATAGCTTTCCCTCGAATAAATAATATAAGATTTTGATTATTACCTCCATCATTAACATTACTATTAGCTTCCTCAGCTGTAGAAAGTGGAGCAGGAACAGGTTGAACAGTATATCCCCCCTTATCTAGAAATATCTCACATGCAGGCCCTTCAGTTGATTTAGCTATTTTTTCTCTCCATTTGGCTGGGGTTTCCTCTATCCTAGGAGCTATTAACTTTATTACAACTATTATAAATATACGATGAGAAGGTTTACAAATAGAACGATTACCTTTATTCGTTTGATCAGTTTTTATTACTGCAATCTTACTATTATTATCCTTACCAGTATTAGCTGGAGCTATTACAATACTGTTAACAGATCGAAACTTTAATACCACTTTTTTTGATCCCAGAGGAGGAGGGGACCCTATTTTATATCAACACCTTTTT

● 线粒体 DNA 12S rRNA 基因片段序列：TCTTTATTTTAAAAATTTTATTACTTAAGTAGTGTGAACGTTTTATTTTTGAAATATATATGTGTTAATATTGAATGTTTTAAACTTAAAAGGCTTGGCGGTGTTATACATCCTTCCAGAGGAGTTTGCTTATTAATTTGATAATCCTCAATTTATACTTACTTTTTTTTTGAAATAAATAAGTATATTTATTTAATCAGTTTGTATATTGCTGTCATTAGTTTATTTTGTAAAAATTTTATAAGAAACTTAATAATTTTATAATTATTATGTCAAGTCAAAATGCAGCTAATAAAAAAGGTTTATAAAGTGAACTACAGTTTTATAATTTTTTAGGTCGGATTAGATTATGTAATTAATTTATGAAGTTGGATTTGGTAGTAATAATATAATAGGTGAGTTTTTATGAATTAGGTTT

分类地位

软体动物门 Mollusca

头足纲 Cephalopoda

乌贼目 Sepiida

耳乌贼科 Sepiolidae

四盘耳乌贼属 *Euprymna*

四盘耳乌贼 99

学名：*Euprymna morsei*（Verrill，1881）

英文名：Mimika bobtail，Japanese bobtail squid

别名 / 俗名：墨鱼豆

形态特征　小型头足类，最大胴长40mm。胴部圆袋形，肉鳍较小，近圆形，位于胴部两侧中央，长度约为胴长的1/2。无柄腕腕式3>2>4>1。雄性第2、3、4对腕吸盘腹侧者特大；雌性各腕吸盘大小相近，数目较少，一般每腕50个左右。腕吸盘4行，角质环不具齿。雄性左侧第1腕茎化，较右侧对应腕粗短，基部吸盘稀疏。触腕穗稍膨突，短小，吸盘10余行，细绒状。内壳退化。体表有很多色素斑，紫褐色色素明显。

分布范围　西北太平洋，日本南部海域、菲律宾至印度尼西亚海域。我国见于黄海和东海。

生态习性　温水性浅海种，营底栖生活，早春繁殖，作短距离生殖洄游。个体小，黄海数量较多，是经济鱼类的重要食饵。

条码序列 ▪▪▪▪ ....

● **线粒体DNA *CO I* 基因片段序列：** ACCCTGTATTTTATTTTTGGCATTTGAAGCGGCCTGCTGGGCACCAGCCTGAGCCTGATTATTCGTACCGAACTGGGCAAACCGGGCAGCCTGCTGAACGATGATCAGCTGTATAACGTGGTGGTGACCGCGCATGGCTTTGTGATTATTTTTTTTCTGGTGATTCCGATTATTATTGGCGGCTTTGGCAACTGACTGGTGCCGCTGATTCTGGGCGCGCCGGATATGGCGTTTCCGCGTATTAACAACATGCGTTTTTGACTGCTGCCGCCGAGCCTGAGCCTGCTGCTGGCGAGCAGCGCGGTGGAACGTGGCGCGGGCACCGGCTGGACCGTGTATCCGAGCATTATTAAAAATTATTTTACCTGCCGTCCGAGCGTGGATCTGGCGATTTTTAGCCTGCATTTAGCGGGCGTGAGCAGCATTTTAGGCGCGATTAACTTTATTACCCCGATTATTAACATTCGTTGAGAAGGCCTGCAGATGGAACGTATTCCGCTGCTGGTGTGAAGCGTGTTTATTACCGCGATTCTGCTGCTGCTGAGCCTGCCGGTGCTGGCGGGCGCGATTACCATTCTGCTGACCGATCGTAACTTTAACACCACCTTTTTTGATCCGCGTGGCGGCGGCGATCCGATTCTGTATCAGCATCTGTTT

● **线粒体DNA 12S rRNA 基因片段序列：** CTATTATTCTTTATTTTAAAAATTTTATTACTTAAGTAGTATGAACATAATTTAGGTAGTGTAAAAATTGATTATTTTTTGTGTTTGAAACTTAAAAGGCTTGGCGGTGTTATATATCCTTCCAGAGGAGTTTGCTTTATTAATTTGATAATCCTCAATTTATACTTACTTTTTCTTTGAATGATTATTTATATAATTAATCAGTTTGTATATTGCTGTCATCAGTTTTATTTTGTAAGAATTATGTAAGAGACTTAATAATTGATAGGTTATTATGTCAAGTCAAAATGCAGCTAATAAAAAAGGTTTATAAAGTGAACTACAGTTTTATGATTTTTAATCGGATTAAGTCATGTAATTGACTTTTGAAGTTGGATTTGGTAGTAATAATTATAATTAGTAGGTTTATATGAATTAGGTTTTATAATGCGT

100 长 蛸

学名：*Octopus variabilis*（Sasaki，1929）
英文名：Whiparm octopus
别名 / 俗名：章鱼、望潮、马蛸、长腿蛸、大蛸

分类地位

软体动物门 Mollusca

头足纲 Cephalopoda

八腕目 Octopoda

蛸科 Octopodidae

蛸属 *Octopus*

形态特征　中小型头足类，最大胴长可达140mm。胴部呈长卵圆形，胴长为胴宽的2倍。体表有不规则大小的疣突和乳突。长腕型，腕长为胴长的6～7倍，各腕长度不等，腕式1>2>3>4，第一对腕径约为其他腕径的2倍，腕吸盘2列。腕间膜很浅。雄性右侧第3腕茎化，甚短，仅为左侧对应腕的1/2。体表有极细的色素斑点。

分布范围　西北太平洋，从日本列岛海域和朝鲜西海岸至中国沿海。我国的渤海、黄海、东海、南海均有分布。

生态习性　暖温性底栖种，主要栖息于温带偏南海域，可在泥质底挖穴栖居。冬季在潮下带或近岸海域深潜，春夏季随着水温上升向低潮线以上移动，并进行繁殖活动，秋冬季随着水温下降又向潮下带以下沿岸海域潜居。以蟹类、贝类、多毛类等底栖生物为食，夜间摄食活动加强。

条码序列 ■ ■ ■ ■ ……………………………………………………………

● 线粒体 DNA *CO I* 基因片段序列：ATTGGAACACTATATTTTATTTTTGGAATCTGATCAGGTCTTCTAGGAACTT
CTTTAAGATTAATAATTCGTACTGAATTAGGTCAACCAGGTTCACTACTCAATGATGATCAACTTTATAATGTTATT
GTAACTGCACATGCATTTGTAATAATTTTTTTTTTAGTAATACCTGTTATAATCGGAGGATTTGGAAATTGATTAGTT
CCTTTAATATTAGGTGCACCAGATATAGCATTCCCCCGAATAAATAATATAAGATTTTGACTTCTTCCTCCTTCCCT
AACCTTACTATTAACCTCTGCAGCTGTTGAAAGAGGGGTAGGAACAGGATGAACTGTATATCCTCCTTTATCAAGAA
ATCTCGCTCATACAGGACCATCTGTAGACCTAGCAATTTTCTCACTCCATTTAGCAGGAATTTCATCTATTTTAGGA
GCTATTAACTTCATAACTACTATTATCAATATACGATGAGAAGGAATACAAATAGAACGTCTTCCTTTGTTTGTTTG
ATCAGTATTTATTACAGCTATCCTTCTCCTTTTATCATTACCTGTTCTTGCTGGAGCTATTACTATATTATTAACTGA
TCGAAATTTTAATACTACTTTCTTTGACCCAAGAGGAGGAGGAGAGATCCAATC

● 线粒体 DNA 12S rRNA 基因片段序列：TATATATTAATTTGACTTTGGTTTTTTTTCTAGTTATTATAATTTTAT
ACATGTTAGGTTTTATTATAATTAGAATTATATAAACGTAGTTCTTAAGAGTTTATATTTTACTTTGTTTATTTAAT
ATAAATAGTAAGGAAAATATAAATATTTGTTGTTAAATTATATTGATAATGGTTGAAATTAAGATATTCAGTATATT
TATTTGTACAATGAATGAGAGTTTTATATAGAAATTATGAGTGAGAATTGGATAAATTTGTGCCAGCATCTGCGGTT
ATACAAATAATTTAAATTAGAAAGTTGTTGGTTAAAAGTAAAGTAATATTGTTGTTTATTAATTGTAAAGGAAAATT
TTATGATTGGTTTTTAGGTAAAATTTTATGATTAATTTGTTATTTATTAATTTT

主要参考文献

陈大刚，张美昭，2016. 中国海洋鱼类（上、中、下卷）［M］. 青岛：中国海洋大学出版社.

陈马康，童合一，俞泰济，等，1990. 钱塘江鱼类资源［M］. 上海：上海科学技术文献出版社.

陈素芝，2002. 中国动物志 硬骨鱼纲 灯笼鱼目 鲸口鱼目 骨舌鱼目［M］. 北京：科学出版社.

陈新军，刘必林，王尧耕，2009. 世界头足类［M］. 北京：海洋出版社.

成庆泰，郑葆珊，1987. 中国鱼类系统检索（上、下册）［M］. 北京：科学出版社.

褚新洛，郑葆珊，戴定远，等，1999. 中国动物志 硬骨鱼纲 鲇形目［M］. 北京：科学出版社.

东海水产研究所《东海深海鱼类》编写组，1988. 东海深海鱼类［M］. 上海：学林出版社.

高天翔，韩刚，马国强，等，2013. 黑鳃梅童鱼和棘头梅童鱼的形态学比较研究［J］. 中国海洋大学学报（自然科学版），43（1）：27－33.

金鑫波，2006. 中国动物志 硬骨鱼纲 鲉形目［M］. 北京：科学出版社.

李思忠，王惠民，1995. 中国动物志 硬骨鱼纲 鲽形目［M］. 北京：科学出版社.

李思忠，张春光，2010. 中国动物志 硬骨鱼纲 银汉鱼目 鳉形目 颌针鱼目 蛇鳚目 鳕形目［M］. 北京：科学出版社.

刘静，2016. 中国动物志 硬骨鱼纲 鲈形目（四）［M］. 北京：科学出版社.

刘璐，高天翔，韩志强，等，2016. 中国近海棱鲛拉丁名的更正［J］. 中国水产科学，23（5）：1108－1116.

刘瑞玉，2008. 中国海洋生物名录［M］. 北京：科学出版社.

刘子莎，2017. 三种狼牙虾虎鱼属鱼类遗传学研究［D］. 青岛：中国海洋大学.

孟庆闻，苏锦祥，缪学祖，1995. 鱼类分类学［M］. 北京：中国农业出版社.

秦岩，2014. 褐斑鲬分类地位及其形态学、遗传学研究［D］. 青岛：中国海洋大学.

单斌斌，高天翔，孙典荣，等，2020. 南海鱼类图鉴及条形码（第一册）［M］. 北京：中国农业出版社.

邵广昭，2023. 台湾鱼类资料库［EB/OL］.［2023-10-29］. http：//fishdb.sinica.edu.tw.

苏锦祥，李春生，2002. 中国动物志 硬骨鱼纲 鲀形目 海蛾鱼目 喉盘鱼目 鮟鱇目［M］. 北京：科学出版社.

吴仁协，张浩冉，郭刘军，等，2018. 中国近海带鱼 *Trichiurus japonicus* 的命名和分类学地位研究［J］. 基因组学与应用生物学，37（9）：3782－3791.

伍汉霖，邵广昭，赖春福，等，2017. 拉汉世界鱼类系统名典［M］. 青岛：中国海洋大学出版社.

伍汉霖，钟俊生，2008. 中国动物志 硬骨鱼纲 鲈形目（五）虾虎鱼亚目［M］. 北京：科学出版社.

伍汉霖，钟俊生，2021. 中国海洋及河口鱼类系统检索［M］. 北京：中国农业出版社.

俞正森，2017. 中国银口天竺鲷属鱼类分类修订及黄渤海、东海天竺鲷科鱼类的分类整理［D］. 青岛：中国海洋大学.

俞正森，宋娜，本村浩之，等，2021. 中国银口天竺鲷属鱼类的分类厘定［J］. 生物多样性，29（7）：971－979.

俞正森，宋娜，韩志强，等，2017. 浙江海域天竺鲷科鱼类新纪录种——黑边银口天竺鲷（*Jaydia truncata*）形态特征与DNA条形码研究［J］. 海洋与湖沼，48（1）：79－85.

张春光，2010. 中国动物志 硬骨鱼纲 鳗鲡目 背棘鱼目［M］. 北京：科学出版社.

张春霖，成庆泰，郑葆珊，等，1955. 黄渤海鱼类调查报告［M］. 北京：科学出版社.

张辉，高天翔，徐汉祥，等，2011. 中国木叶鲽属鱼类一新纪录种［J］. 中国海洋大学学报（自然科学版），41（Z1）：51－54，60.

张静，李渊，宋娜，等，2016. 我国沿海棱鳀属鱼类的物种鉴定与系统发育［J］. 生物多样性，24（8）：888－895.

张世义，2001. 中国动物志 硬骨鱼纲 鲟形目 海鲢目 鲱形目 鼠鱚目［M］. 北京：科学出版社.

赵盛龙，2009. 东海区珍稀水生动物图鉴［M］. 上海：同济大学出版社.

赵盛龙，徐汉祥，钟俊生，2016. 浙江海洋鱼类志（上、下册）［M］. 杭州：浙江科学技术出版社.

赵盛龙，钟俊生，2006. 舟山海域鱼类原色图鉴［M］. 杭州：浙江科学技术出版社.

中国科学院动物研究所，中国科学院海洋研究所，上海水产学院，1962. 南海鱼类志［M］. 北京：科学出版社.

朱海晨，2022. 基于科学观察员数据的浙江沿岸丁香鱼渔业研究［D］. 舟山：浙江海洋大学.

朱海晨，朱文斌，张亚洲，等，2022. 丁香鱼围网副渔获物鱼类组成及分布特征［J］. 水产科学，41（4）：573－580.

朱文斌，高天翔，王业辉，等，2022. 浙江海洋鱼类图鉴及其DNA条形码（上册）［M］. 北京：中国农业出版社.

朱元鼎，孟庆闻，2001. 中国动物志 圆口纲 软骨鱼纲［M］. 北京：科学出版社.

朱元鼎，张春霖，成庆泰，1963. 东海鱼类志［M］. 北京：科学出版社.

Chakraborty A, Aranishi F, Iwatsuki Y, 2006. Genetic differentiation of *Trichiurus japonicus* and *T. lepturus*（Perciformes：Trichiuridae）based on mitochondrial DNA analysis［J］. Zoological Studies, 45（3）：419-427.

Chen Z, Song N, Zou J, et al., 2020. Identification of species in genus *Platycephalus* from seas of China［J］. Journal of Ocean University of China, 19（2）：417-427.

Chen Z, Zhang Y, Han Z, et al., 2018. Morphological characters and DNA barcoding of *Syngnathus schlegeli* in the coastal waters of China［J］. Journal of Oceanology and Limnology, 36（2）：537-547.

Fricke R, Eschmeyer W N, Van der Laan R, 2024. Eschmeyer's Catalog of Fishes：Genera, Species, References［EB/OL］.（2024-06-30）［2024-06-30］.http：//researcharchive.calacademy.org/research/ichthyology/catalog/fishcatmain.asp.

Froese R, Pauly D, 2024. FishBase［EB/OL］.（2024-02-20）［2024-02-20］. http：//www.fishbase.org, version（02/2024）.

Hata H, Lavoué S, Motomura H, 2020. Taxonomic status of seven nominal species of the anchovy genus *Stolephorus* described by Delsman（1931）, Hardenberg（1933）, and Dutt and Babu Rao（1959）, with redescriptions of *Stolephorus tri*（Bleeker 1852）and *Stolephorus waitei* Jordan and Seale 1926（Clupeiformes：Engraulidae）［J］. Ichthyological Research, 67：7-38.

Iwatsuki Y, Akazaki M, Taniguchi N, 2007. Review of the species of the genus *Dentex*（Perciformes：Sparidae）in the western Pacific defined as the *D. hypselosomus* complex with the description of a new species, *Dentex abei* and a redescription of *Evynnis tumifrons*［J］. Bulletin of the National Museum of Nature and Science（Ser. A）, Supplement, 1：29-49.

Iwatsuki Y, Miyamoto K, Nakaya K, et al., 2011. A review of the genus *Platyrhina*（Chondrichthys：Platyrhinidae）from the northwestern Pacific, with descriptions of two new species［J］. Zootaxa, 2738（14）：26-40.

Iwatsuki Y, Russell B C, 2006. Revision of the genus *Hapalogenys*（Teleostei：Perciformes）with two new species from the Indo-West Pacific［J］. Memoirs of Museum Victoria, 63（1）：29-46.

Li H, Lin H, Li J, et al., 2014. Phylogeography of the Chinese beard eel, *Cirrhimuraena chinensis* Kaup, inferred from mitochondrial DNA：a range expansion after the last glacial maximum［J］. International Journal of Molecular Sciences, 15（8）：13564-13577.

Li Y, Zhou Y, Li P, et al., 2019. Species identification and cryptic diversity in *Pampus* species as inferred from morphological and molecular characteristics［J］. Marine Biodiversity, 49（6）：2521-2534.

Ludt WB, Burridge CP, Chakrabarty P, 2019. A taxonomic revision of Cheilodactylidae and Latridae (Centrarchiformes: Cirrhitoidei) using morphological and genomic characters [J]. Zootaxa, 4585(1): 121-141.

Nakabo, T, 2013. Fishes of Japan with pictorial keys to the species［M］. Third edition. Kanagawa：Tokai University Press.

Santini F, Sorenson L, Marcroft T, et al., 2013. A multilocus molecular phylogeny of boxfishes（Aracanidae, Ostraciidae; Tetraodontiformes）［J］. Molecular Phylogenetics and Evolution, 66（1）：153-160.

Sasaki K, 1990. *Johnius grypotus*（Richardson, 1846）, resurrection of a Chinese sciaenid species［J］. Japanese Journal of Ichthyology, 37（3）：224-229.

Suzuki S, Kawashima T, Nakabo T, 2009. Taxonomic review of East Asian *Pleuronichthys*（Pleuronectiformes：Pleuronectidae）, with description of a new species［J］. Ichthyological research, 56（3）：276-291.

Whitehead PJP, Nelson GJ, Wongratana T, 1988. FAO species catalogue. Vol. 7. Clupeoid fishes of the world（Suborder Clupeoidei）. An annotated and illustrated catalogue of the herrings, sardines, pilchards, sprats, shads, anchovies and wolf-herrings［M］// FAO Fisheries Synopsis. Rome：FAO, 125（7/2）：305-579.

Yamada U, Deng J, Kim Y, et al., 2009. Names and illustrations of fishes from the East China Sea and the Yellow Sea［M］. New edition. Tokyo：Overseas Fishery Cooperation Foundation of Japan.

Yamada U, Tokimura M, Horikawa H, et al., 2007. Fishes and fisheries of the East China and Yellow Seas［M］. Kanagawa：Tokai University Press.